여러 생각
하나의 집

건축주 ①

"건축학 교수에게도 집짓기는 낯설고 힘든 과제이다"

건축주 ②

"새 집이 필요하게 된 배경"

건축가

"평당 얼마예요?"

Contents

들어가는 글

건축학 교수에게도 집짓기는 낯설고 힘든 과제이다

집짓기는 남자의 로망인가?

남편 친구 부부가 모인 자리에서 충청북도(忠淸北道) 충주시(忠州市) 산척면(山尺面) 시골의 부모님이 사시는 곳에 새 집을 지었다고 하자, 남편 친구는 "니는 꿈을 이뤘네. 집짓기는 남자의 로망 아이가"라는 반응을 보였다. 남편 친구의 투박한 부산 사투리 속에는 질투심 섞인 부러운 마음이 묻어났을 것이다.

정년이 가까워 오면 고향마을이나 풍경이 수려한 땅에 단독주택을 지어 노후를 보내고 싶어 하는 사람들이 많아진다. 그러나 대도시가 가져다주는 편리한 삶에서 벗어나기 싫어 전원에 단독주택 짓는 일을 포기하고 만다. 이는 단순히 남자와 여자의 차이라고는 할 수 없다. 남자들 중에서도 낯선 시골 생활의 두려움 때문에 도시와 아파트가 주는 편리함을 고수하려는 경우가 적지 않다. 두려움 때문일까? 선입견 때문일까? 자연으로 둘러싸인 마당과 텃밭을 갖춘, 전원주택 짓기에 대한 꿈을 가진 사람은 매우 많지만 여러 가지 여건으로 실행에 옮기지 못하는 것이 가장 큰 이유이다.

우리 부부는 그 어려운 전원주택 짓기를 이루었다. 이제부터 그 이야기를 시작하려고 한다.

전원주택을 설계할 건축가와 시공업체 선정

평생의 꿈이었던 내 집짓기를 실현하기 위해 대지를 마련하고 오랜 기간 비용을 모았으며 관련 책자나 인터넷 등에서 정보를 수집하며 꿈을 키워왔다. 정착 이후부터 큰일이 기다리고 있음을 간과했다. 설계를 잘 하는 건축가를 수소문하고 믿을 수 있는 시공자를 물색해야 한다. 집짓기를 위해 오랫동안 꿈을 키우며 정보도 모았는데 큰일이라고 한 것은 건축가와 시공자를 선정하는 일이 쉽지 않기 때문이다.

다른 용도의 건축에 비해 면적이 적어 비용은 적게 들지만 고려할 사항이 많아 까다로운 단독주택 설계는 설계사무소 사람들에게 인기가 없다. 이 때문에 인터넷이나 잡지에 자주 나오는 규모가 크고 유명한 설계사무소는 단독주택 설계를 선뜻 맡으려 들지 않는다.

다행히 산척면 주택의 경우, 설계 의뢰에는 큰 어려움이 없었다. 남편 고일두(高一斗) 교수는 목구조로 집짓기를 결정하였다. 고 교수는 건축사사무소 아이디에스(ids)의 배기철(裵沂哲) 소장과 목구조 연구 활동을 오랫동안 함께 해왔다. 배 소장은 디자인 감각이 뛰어난 분으로 목구조 분야의 전문가이므로 설계를 부탁하기로 했다.

그러나 시공업체를 선정하는 과정은 힘들었다. 공사 경험이 많은 대형 건설회사는 공사비가 적은 단독주택 시공은 하지 않는다. 중소 건설회사로 눈을 돌려보아도 현장이

지방에 있고 공사비가 적기 때문에 적합한 시공업체를 만나기란 쉽지 않았다. 이런 저런 이유로 단독주택에 대한 시공 경험이 많고 믿을 수 있는 시공업체를 선정하는 과정에서 시일이 걸렸다. 산척면 주택의 경우, 주택 시공을 많이 해본 업체 두 곳을 추천받아 그 중에서 목구조 패널라이징 시공 경험을 지닌 (주)럼버홈코리아를 선정해 공사를 맡겼다.

건축과 교수에게도 집짓기는 낯설고 힘든 과제

'좋은 건축'이란 설계 · 시공의 결과뿐만 아니라 과정이 매우 중요하다는 사실을 이번 기회에 알게 되었다. '산척면 주택'에서는 건축주와 건축가 사이에 의견 교환 및 의견 수렴이 대체로 매끄럽게 진행되었다. 대지 여건과 건축주의 요구사항, 건축 관련 법 등이 검토되고 설계에 반영되어 가면서 여러 차례의 수정 과정을 거쳤다. 공사 도중에 원격 제어 등 요구사항이 추가되고 도면에 나타나지 않는 부분도 많은 보완이 이루어졌다.

건축주인 나는 산척면 주택의 설계 시작부터 공사 완공에 이르기까지 갖가지 고민과 애로를 겪었으며 무지(無知)를 실감했다. 전체 공사의 일부는 아직도 미완성이다. 건축계획을 전공한 건축학과 교수로 30여 년 지내온 나조차도 집짓기에 이렇게 깜깜할 정도로 모르는 것과 어려운 점이 많았다. 하물며 일반인 건축주가 집을 지으려면 얼마나 갑갑할 것이며 애로사항은 또 얼마나 많을까?

현재 우리나라에는 장차 건축주가 될 일반인이 참고할 만한 책이 많이 부족하다. 마당 있는 집에 살고 싶다는 꿈을 품고 집을 지어보겠다는 예비 건축주들에게 기획에서부터 설계와 시공 과정을 쉽게 설명해주는 참고도서가 필요하다. 필자는 주택 설계 및 시공 과정에서 체험한 지식을 그들과 함께 나누고 싶은 생각이 들었다. 집짓기에 대한 하나의 사례로써 그 과정을 알려주고 건축주의 요구가 건축가에게 해석되고 설계에 반영되어 가는 과정을 기록으로 남겨놓고 싶었다. 나아가 독자들과 집짓기의 어려움을 공유하고 싶은 마음에서 이 책을 쓰려고 한다.

3인 3색 책쓰기

설계도면이 납품된 날 공동건축주인 남편 고 교수와 건축가 배 소장과 같이 저녁을 먹으면서 책의 제작 의도를 설명하였다. 책에 사용될 설계도면과 사진은 모두 건축가의 지적 재산이기에 배 소장에게 책의 공동저자로 참여해 달라고 제안하니 흔쾌히 수락해주었다. 그 다음 집짓기를 시작한, 더 중요한 건축주이자 남편이며 건축공학 전공인 고 교수도 공동저자가 되기로 하였다. 원고를 완성하고나니 애당초 책을 쓰자고 제안한 필자보다 건축가가 더 많은 분량의 글과 사진 및 도면을 작성하는 결과를 낳았다. 송구스러울 따름이다.

이 책은 충주시 산척면에 지은 주택의 건축 과정을 3인 3색으로 구성하였다. 주택 1채를 두고 건축주 ① (건축계획 전공 교수), 건축주 ② (건축구조 및 전산화 전공 교수), 그리고 건축가 세 사람의 관점을 종합하여 하나의 책으로 엮었다.

첫째, 설계 개념 및 인문학적 내용은 건축가인 배 소장이 작성했다. 둘째, 건축주의 요구사항에 대해서는 필자가 담당하기로 했다. 셋째, 터잡기 및 VR 적용 등 기술적 내용에 대해서는 고 교수가 쓰기로 결정했다.

그리고 이 자리를 빌려, 여러 가지 작은 일에 신경 쓸 것이 많은 소규모 주택 설계를 맡아 준 건축사사무소 아이디에스(ids) 임직원과 주택의 시공을 담당한 (주)럼버홈코리아 임직원에게 감사한 마음을 보낸다.

새 집이 필요하게 된 배경

20여 년 전, 아버지는 아무런 연고도 없는 충주 산척면에 사업을 위해 땅을 구입하셨다. 사업이 실패하고 그 땅에는 운영할 수 없는 공장만 남게 되자 공장 한 구석에 살림집을 꾸며 생활하기 시작했다. 부창부수(夫唱婦隨)가 아닌가. 홀아비 생활을 보고만 계실 어머니가 아니었다. 어머니도 거처를 산척으로 옮기셨다. 그 후로 명절마다 자식들이 모이면서 살림집은 점점 커져갔다. 문제가 발생했다. 겨울철 난방은 심야전기와 화목난로로 해결했지만 오래가지 않아 난로 연기 때문에 집안이 온통 시커멓게 그을었다. 설상가상으로 배관에 탈이 나기 시작하면서 집은 점점 복구 불가능한 상태가 되어버렸다. 대책을 세워야만 했다.

마침 내가 중학교 때부터 살던 부산 영도(影島)의 집이 팔렸다. 이 자금으로 새 집을 지을 수 있게 되었다. 낡은 집에서 생활할 때 가장 어려운 점은 냉난방이었다. 모두가 겨울에는 외풍 없이 따뜻하고 여름에는 시원한 새 집을 원했다.

풍수전문가의 평에 의하면 먼 산의 산자락이 제법 이 동네를 안으로 품고 있고, 작지만 바로 앞 개울에는 여름이면 맑고 많은 물이 흐르는 괜찮은 입지라고 했다. 다만, 북쪽이 열려 있어 겨울 찬바람을 막아야 한다고 했다. 또한 오늘날 도시에서는 높은 건물이 산이고 도로가 강 역할을 한다고 했던가. 뒤가 높으면서 동네 건물들이 들어서 있고 앞은 큰 길이니 이 또한 잘 들어맞는다. 부지는 동네로 들어오는 작은 도로의 한쪽 면을 향하고 있어 우리 집과 너무 가깝지 않도록 기준틀을 잡는 날 전체 위치를 1m 가량 더 떨어뜨려 배치했다.

집 지을 땅은 충청북도 충주시 산척면사무소에서 2km 정도 떨어져 있고 천등산(天登山) 박달재로 가는 길목에 위치하고 있다. 처음 방문했을 때는 박달재 방면으로 가는 차량이 집 앞을 지나다녀 교통량이 많아 시골치고는 번잡한 편이었다. 지금은 충주에서 제천(堤川)으로 가는 고속화국도가 새로 생겨나 집 앞의 길로 다니는 차는 거의 없다. 다행히도 집 앞이 충주의 331번 시내버스 노선의 종점이다. 이 버스가 하루에 몇 차례 다니므로 부모님이 충주 시내의 병원에 다녀오시기에는 큰 불편이 없다. 그리고 자식들은 번갈아가며 서의 매주 방문하는 편이다. 처음에는 서울 강남에서 승용차로 3번 국도와 38번 국도를 거쳐 가면 2시간 반, 행락철에는 4시간 정도 걸렸다. 지금은 고속도로와 고속화국도를 이용하면 1시간 반, 행락철에도 2시간 정도 달리면 산척 집에 도착한다. 소요 시간이 줄어들자 자식들이 부모님을 방문하는 횟수도 늘어났다.

아버님은 주로 공장 건물 내에서 소일하신다. 원래 건축업을 하셨던 터라 집을 수리하고 방을 늘리며, 살림에 필요한 가구를 만들거나 방 꾸미는 일을 좋아하신다. 아직도 낡은 장비가 가득 들어찬 작업실을 갖고 계신다. 어머님은 주로 텃밭을 가꾸면서 시간을 보내는데, 힘이 부쳐서 예전보다는 텃밭일이 줄어들었다. 직접 재배한 남새를 자식들이 오면 요리해서 먹이고 돌아갈 때는 잔뜩 안겨주며 즐거워하신다. 여느 시골 부모의 마음과 마찬가지가 아니겠는가. 새 집에 딸린 작업장과 텃밭에서 두 분의 일상의 삶이 오래도록 이어지기를 간절히 바란다.

부모님의 생활을 위한 집이지만 자식들이 가도 편히 지낼 수 있는 집을 만들고 싶은 욕심이 들었다. 무엇보다도 남자와 여자 사이의 프라이버시가 보호되고 존중되는 환경이 갖춰지기를 바랐다. 냉난방이 잘되는 집의 부모님 곁에서 보내는 일도 유익한 휴가가 되지 않겠는가.

개인적으로는 건축 분야를 주업으로 하는 입장에서 집짓기를 계획하고 설계하며 시공에 참여하는 일도 값진 경험이라는 생각이 들었다. 이론으로만 알고 있던 내용을 현장에서 직접 부딪히면 힘은 들겠지만 보람 있는 일일 것이다.

평당 얼마예요?

'평당 얼마예요'로 시작되는 우리의 건축현장

건축가로서 이런 질문을 받을 때면 참으로 난감하기만 하다. 심지어는 '설계기간이 그렇게 오래 걸리는 줄 몰랐다' 라든지 '공사비는 얼마나 깎아 주는지' 물어올 때면, 우리 사회에 건축가가 존재하는지 스스로 자문하게 된다. 도시화율 90%를 넘어선 도시 곳곳에 수많은 아파트와 무분별하게 세워진 건물들을 보면서 설계와 시공조차 구분 못하는 우리의 건축문화를 생각해 본다.

모두가 그러하듯 나 역시 사회 첫발을 내딛는 그 순간을 잊을 수 없다. 그 설렘과 두려움이 교차했던 시간들을. 때론 난관에 좌절했었고, 때론 열광하기도 했다. 우리나라와 미국에서 건축 공부와 실무를 마치고 우리나라에 돌아와 자신의 이름을 걸고 한 첫 번째 작업이 바로 '주택설계'였고, 이를 통해 건축가로서의 좌절과 열망을 동시에 갖게 되었다.

건축가의 첫 작업에는 부모나 형제의 집과 같은 주택설계가 제법 많은데, 이는 건축 책을 들춰 보지 않아도 충분히 상상할 수 있는 일이다. 경험이 부족한 새내기 건축가에게 일을 맡길 건축주가 어디 있겠는가. 내 경우도 사돈어른 집을 설계하는 것에서 시작되었으니, 가족의 희생이 건축가를 성장시킨다는 것은 분명 맞는 말인 듯하다. 본래 사돈지간이란 집안의 혼사로 맺어진 인척간인데, 사실 매우 어렵고 조심스러운 관계이다. 그러니 주변의 만류는 당연한 일이었다. 그럼에도 설계에 대한 열정이 가득했던 그때 그 어떤 충고가 귀에 들어오랴. 거침없이 신나게 작업했고, 디자인을 탐닉했지만 늘어나는 공사비를 조율하지 못하고 결국 설계를 포기할 수밖에 없었다. 물론 집은 완성되었다. 원안이 일부 유지되기도 했지만, 다른 사람들에 의해 상당 부분 변경되어 마무리되었다. 그때를 생각하면 아직도 아찔하고, 사돈어른께 송구스럽기만 하다. 그러나 이러한 좌절을 통해 큰 교훈을 얻었고, 동시에 더 큰 욕망을 가지게 되었다.

건축가는 전문직업인이다. 건축대학에서 5년간의 교육을 통해 전문학위를 받고, 현장에서 다시 수년간의 실무 훈련과 자격을 받아야 한다. 건축가는 제일 먼저 사용자의 요구를 세심하게 파악하여 공간을 구현할 수 있는 건축적 지식이 필요하다. 구조, 기계, 전기, 통신, 소방, 토목, 조경, 인테리어 등 기술자 집단의 의견을 조율하고 종합하여 올바른 방향으로 수립하는 합리적 사고능력도 필요하다. 또한 예상 공사비에 맞도록 현실적인 감각과 경험도 필요하다. 설령 이런 기술적인 지식과 합리적 사고를 갖추었다 하더라도 건축가에 반드시 필요한 건축적 덕목과 작가정신이 없다면 그 또한 진정한 건축가라 할 수 없을 것이다. 특히 주택설계는 건축가의 건축적 신념과 사회적 윤리의식이 필요한데, 아파트 일색의 우리나라 주거문화에서 건축가로서의 건축관은 빠질 수 없는 덕목이다.

그럼 건축가에게 있어 주택이란 무엇일까? 이미 근대건축을 통해서 알 수 있듯이, 주택은 건축가의 생각을 가장 잘 반영할 수 있는 건축 유형이다. 20세기 건축을 이끌었던 르 코르뷔지에 Le Corbusier [1)]는 기존 교육체계에서 교육을 받지도 않았고, 국가에서 부여하는 권위와 보장도 없었지만, 자신의 건축적 신념을 담은 주택작업을 통해서 과거의 건축을 지우고 새로운 근대건축의 시조가 되었다. 그는 수많은 주택설계를 통해 근대적 삶에 필요한 공간을 제시하였고, 전 세계 모든 건축가들에게 큰 영감을 주었다. 노출콘크리트로 유명한 일본의 건축가 안도 다다오 Ando Dadao[2]는 어떠한가. 아주 작은 주택에서 출발하여 지금은 세계 곳곳의 미술관과 박물관 등 많은 공공 건축물을 디자인하는 세계적인 건축가가 되었다. 이처럼 주택은 규모면에서 매우 작지만 건축적 신념을 실천하고 시도할 수 있는 건축가의 강력한 무기이다.

적은 예산으로 짓는 작은 집은, 넉넉한 예산의 큰 집을 설계하는 것보다 훨씬 복잡하고 많은 노력과 에너지가 필요하지만 건축가에게 분명 의미 있는 도전이다. 설계가 시작되면 공간을 세분하고 공간의 특성을 파악하게 되는데, 이 과정에서 대부분의 건축주들은 '건축가가 뭘 하는 사람인지 이제야 알겠다', '건축가와 함께 집짓기 작업을 시작한 것은 정말 잘한 일' 이라고 말하곤 한다. 이 말은 결국 우리 사회에서 건축가의 존재감이 없다는 반증이기도 하다. 공급자 중심의 아파트 문화에 익숙한 사람들이나, 주택을 상품이나 물건으로 간주하는 사회적 잘못된 상식을 생각하면 이해 못할 일도 아니다. 아직도 많은 예비 건축주들은 시공자에게 '싸게 집 잘 지어주세요' 로 일을 시작하니... 우리 주택문화가 그저 안타까울 뿐이다. '평당 얼마' 를 묻기보다는 '어떻게 지을 것인가' 를 먼저 고민할 필요가 있다. 소위 집장사들로 불리는 공사업체들이 점령한 다세대, 다가구 주택 시장이나 도시개발이란 이름하에 지역성을 무시하고 획일적 도시환경을 만든 대형 건설사들이 차지한 아파트 시장에서 집의 가치를 발견하고 올바른 주택문화를 기대한다는 것 자체가 아이러니하다.

이야기가 좀 다른 곳으로 흘렀지만, 분명 '산척면 주택'은 즐거운 시작이었다. 설계 작업은 건축가 개인의 작업이 아닌 건축주와 함께 만들어 가는 과정이기에 건축 전문가들이 건축주가 되었으니 이보다 더 좋은 일이 있으랴. 심적으로 부담감이 없었던 것은 아니지만 건축에 대한 사전교육으로 불필요한 노력이나 오해도 없을 것이고, 또한 건축가의 작업을 충분히 이해해 줄 것이라는 기대감이 있었다. 그러나 작업을 진행하면서 역시 건축주는 모두 같다는 것을 깨닫는데 그리 오래 걸리지 않았다. 건축적 신념을 실천하기 위해선 설득과 이해를 구해야 했고, 때때로 의견 충돌로 부분적으로는 설계안을 포기해야만 했다. 어디 그 뿐이겠는가. '패시브 주택'[3] 에 대한 이해 부족으로 새롭게 엔지니어 팀을 구성하기도 했고, 공기와 시공 품질 문제로 시공사와의 갈등 속에서 현실과 타협하기도 했다. 설계를 함께 진행한 동료들과의 의사소통 역시 부족했다.

이런 갈등과 부족함에도 집은 완성되었고, 이제는 설계와 시공의 부족함을 거주자의 삶을 통해 공간이 최종적으로 완성되기를 기대하게 되었다. '산척면 주택'은 시골 마을의 질서를 따르고, 자연환경에 순응할 수 있는 주택이 되기를 바라는 마음에서 시작했다. 결코 스스로 잘난 척 하지 않는 집이 되길 바라는 마음이다. 시간이 지날수록 더욱 마을에 동화될 수 있는 집이 되길 바란다.

'산척면 주택' 의 글쓰기 작업을 앞두고 걱정이 많았다. '건축은 건축가의 미디엄인 드로잉으로 수행된다' 고 했던 카를로 스카르파 Carlo Scarpa[4] 의 말처럼 건축설계에 글쓰기가 꼭 필요한 것인지 의문이 있었다. 그러나 심정적으로는 이번에도 나의 생각을 제대로 정리하지 못할지 모른다는 불안감이 더 컸던 것 같다. 물론 필력이 부족한 것도 글쓰기를 망설인 이유 중 하나였지만 그래도 용기를 낸 것은 분명 건축주의 격려 덕이며, 나아가 이번 기회에 목조건축의 필요성과 생각들을 밝히고 싶다는 욕심을 가지게 되었다. 또한 이 작업을 통해 우리가 알고 있는 잘못된 건축상식을 바로잡고 싶었다. 왜 공사비를 평당으로 말할 수 없는지, 설계는 왜 건축가와 해야 하는지, 우리가 올바른 건축주가 되기 위해 필요한 지식들을 공유하고 싶었다.

서투르고 부족한 부분이 많겠지만 집을 짓는 과정에 생겨난 여러 생각과 이야기들이 미래에 보다 나은 집을 짓기 위한 기초가 되기를 바라는 마음이다. 함께 작업할 수 있도록 기회를 준 건축주와 그 가족 모두에 감사하며, 함께 설계 작업을 해준 ids 식구들에게 감사의 마음을 전한다.

1장

집에 대한 각기 다른 생각

"최경숙"

1. 집은 전통성과 실용성이 제일 중요하다

돌이켜 생각하니 내가 건축학을 전공으로 삼게 된 첫 계기는, 지금은 고인이 된 아버지께서 어릴 적부터 고급 양식집이나 호텔 등에 자주 데리고 다녔던 덕분이 아니었나 생각이 든다. 추석에 산소를 다녀올 때는 워커힐 호텔에 자주 데리고 가셨는데, 카펫이 깔린 높은 천장의 커피숍이 참 멋있었다. 멋진 정장의 웨이트리스가 따라주는 커피는 평소에 집에서 마시는 커피보다 훨씬 향기가 나고 맛이 좋았다. 그 밖에도 아버지께서 인천(仁川) 등지에 멋진 호텔이 생겼다고 데리고 가셨던 기억도 떠오른다. 좋은 공간은 남녀노소 모두 즐기게 된다는 것을 그때 알게 되었다.

대학교는 자연계열(처음으로 확대된 계열별 입시제도 시행됨)에 입학하여 1학년은 자연계열 공통이었고 2학년에 전공학과를 선택하도록 되어 있었다. 나는 망설이지 않고 건축학과에 지원하였다. 제일 큰 이유는 내가 설계한 멋진 집에서 생활하고 싶다는 다소 막연한 희망 때문이었다. 그 꿈은 아직도 이루지 못하고 있다. 1학년 교양과정 학생들이 수업을 듣는 건물이 공과대학 캠퍼스 내에 있었는데, 건축학과 학생들이 스케치북과 티(T)자를 들고 다니는 모습이 무척이나 멋있어 보였다. 내가 건축학과를 지원한 두 번째 동기이다. 티자를 들고 다니는 모습이 멋있어 보였다니!

나는 대학에서 30여 년 재직하는 동안 주택계획을 강의하고 있다. 주택계획의 수업 자료로 최근 건축 관련 상을 받은 주택들을 우수 사례로 소개하고 있다. 그런데 건축 관련 상을 받은 단독주택들을 보면 조형적 특성을 강조하였지만 평지붕인 경우가 많아 전통성과 실용성이 부족한 편이다. 우리나라는 겨울에 춥고 여름에 더우며 강수량은 여름에 집중된다. 이러한 기후 조건에 맞추어 일반 주택은 업무시설 등의 공공건축에 비해 남향으로 배치하고 처마가 있는 경사진 지붕이 적합하다고 생각한다.

집이란 의식주의 하나로써 24시간 가족의 생활이 이루어지는 곳으로 건축주의 생활이 기능적으로 담겨 있어야 하므로 실용성이 중요하다. 이에 대해 「아파트와 바꾼 집」[5]의 공동저자 박철수 교수는 필자와 마찬가지로 주택의 전통성과 실용성을 강조하고 있다. 소개하면 다음과 같다.

"건축가의 주택작품들 속에서 작품 욕심이 실용성을 훼손하는 일을 어렵지 않게 볼 수 있다. 내외부가 교감하는 풍경적 감흥을 이끌어내는 전면 통유리 벽과 지하층까지 뚫린 빛 우물을 통한 하늘과의 소통 등을 예로 들면서 공간적 감흥과 소통은 좋지만 엄청난 냉난방 부하가 유지관리비 부담으로 이어지면서 금전적 감흥을 방해할 것이 뻔한 대목이다. 실용성을 얻는 데에는 지혜와 경륜이 필요하다. 나라마다 지역마다 전통주택이 오랜 기간 보편적으로 지어져 온 것은 그것이 가장 실용적인 집이기 때문이다."

2. 미래의 건축, 미래의 주택

스마트 홈은 우리의 삶을 담을 미래의 주거 공간에 대한 꿈을 실현하는 과정이다. 그 꿈은 우리의 상상에 달려 있다. 그 상상을 마음껏 펼친 사례는 이미 SF영화가 보여주었다. 몇 가지 사례를 찾아보자. 1990년에 개봉한 '토탈 리콜 Total Recall(폴 버호벤 감독, 아놀드 슈워제네거/샤론 스톤 주연)'의 첫 장면에서 아침에 깨어나 맞이하는 창밖의 멋진 풍경은 벽면 디스플레이로 보는 영상이다. 이 디스플레이는 TV와 화상 전화로도 사용된다. 2002년의 '마이너리티 리포트 Minority Report(스티븐 스필버그 감독, 톰 크루즈/막스 폰 시도우 주연)'에서는 미래의 일상을 보다 자세히 보여주고 있다. 자율주행 자동차는 현관에 도착한 후 자동차문과 현관문이 동시에 열리고, 사람을 내려준 후 스스로 주차장으로 간다. 2005년의 아일랜드 The Island(마이클 베어 감독, 이완 맥그리거/스칼렛 요한슨 주연)' 에서는 아침에 일어나 화장실에서 소변을 분석한 후 건강 정보를 알려주고 날씨에 맞추어 착용할 옷까지 선정해준다.

그렇다면 스마트 홈은 어떻게 구성될까? 그 기능은 3부분으로 나눌 수 있다. 첫째는 주변 상황을 인식하는 부분이다. 여기에서는 다양한 센서들로 주변 정보를 습득한다. 온도 센서로 얼마나 더운지, 조도 센서로 얼마나 밝은지, 소리 센서로 어떤 소리가 들리는지를 습득한다. 나아가서는 음성 인식으로 어떤 지시가 있는지? 동작 인식으로 어떤 제스처로 지시되었는지 등도 인식하는 것이 가능하다. 장애인이나 노약자를 도와주는 특수 인식 장치도 있다. 둘째는 어떤 조치를 취할지 판단하는 부분이다. 단순하게는 지시에 따라 장치를 작동시키는 일부터, 통계나 빅 데이터를 이용하여 지시한 내용의 세부 내용을 결정하거나, 지시하지 않아도 필요한 조치를 스스로 처리하는 것도 가능하다. 즉 스마트 홈이 지능을 가지는 것이다. 마지막으로 필요한 조치에 따라 작용을 일으키는 부분이다. 스위치를 켜면 가전제품이 작동하고 냉난방을 가동하며, 모터를 돌려 집의 블라인드를 움직이는 것들이 여기에 속한다.

지금의 스마트 홈 실현은 사물 인터넷 IoT, Internet of Things, 인공 지능 AI, Artificial Intelligence, 빅 데이터 Big Data 등의 정보통신기술 발전 덕분이다. 하지만 정작 중요한 것은 '기술 그 자체로 어떤 시나리오를 창조할 것인가' 라는 것이 아니고, "주택에는 어떤 시나리오가 필요한가?" 또는 "보다 나은 삶을 위해서는 어떻게 살아야 하고 이를 위해서는 어떤 시나리오를 만들어야 하는가?"이다. 새로운 요소 기술이 만들어지면 그 요소 기술을 활용한 시나리오를 만들 수 있다. 이것은 공급 중심의 시나리오이다. 그러나 진정한 창조는 수요자의 요구로부터 나온다. '홈' 의 필요성에서 시작한 수요 중심의 시나리오가 중요하다. 요구가 강하면 실현에 필요한 요소 기술의 개발까지도 촉발한다. 스마트 홈 산업을 발전시키려면 건축 측면의 홈 전문가와 정보기술 측면의 스마트 전문가의 협동작업이 필요하다. 여기에서 홈은 영역이고 스마트는 수단이다.

나는 현재의 스마트 홈 산업에서 간과하고 있는 '건축의 역할' 을 강조하고자 한다. 집은 수면을 포함해 하루 중 가장 많은 시간을 보내는 사회생활의 기초인 가정생활을

영위하는 중요한 공간이다. 인류의 역사가 진행되면서 기술은 발전해 왔다. 기술의 발전에 따라 집이라는 공간을 구성하는 재료들도 변화를 거듭했다. 옛날에는 나무, 돌, 흙 등으로 집을 지었으며, 근대에 들어오면서 콘크리트와 철근을 많이 사용하게 되었다. 이제 스마트 홈 시대에는 반도체를 비롯한 전자부품들이 집을 구성하는 중요한 재료로 바뀔 것이다. 건축가는 벽돌을 만드는 구체적인 기술은 몰라도 벽돌의 용도를 이해한 후벽돌을 사용한 집을 설계하고 지으며 관리한다. 마찬가지로 건축가가 반도체나 전자부품을 직접 생산하지 않아도 그 용도와 기능을 이해하고 이를 활용한 집을 설계하고 지으며 관리한다. 예나 지금이나 사람이 머무는 공간을 디자인하고 만드는 일이 건축의 중요한 역할이기 때문이다.

이미 세상의 많은 분야는 컴퓨터로 운영되고 있다. 컴퓨터 활용 기술 도입이 뒤늦은 주택 분야이지만 앞으로 빠른 확산이 예상된다. 집 안의 사물들을 통신으로 연결하고 스마트 폰으로 제어하는 사물 인터넷 기술이나 언어를 이해하고 스스로 처리해주는 인공 지능 기술들을 기존의 집에 설치해 사용할 수 있는 수준에 이르렀다. 현재까지 우리가 상상하고 설계하는 스마트 홈은 이 정도이다. 나아가 우리가 사는 주택 공간은 전자 공간과 물리 공간이 유연하게 결합한 유비쿼터스 공간으로 변모할 것이다. 미래로 갈수록 이 유비쿼터스 공간은 집에만 그치지 않고 거리로 진출해 도시 전체로 그 범위를 넓혀 가면서 역할들을 매끄럽게 이어갈 것이다. 나는 스마트 홈이 펼칠 안전하고 편리하며 효율적인 주거 공간을 꿈꾸어 본다.

3. 목재문화 회복을 위한 우리의 나무집

미세먼지는 심각한 문제이다. 산업화에 따른 피해가 사실 미세먼지뿐이겠는가, 몇 해 전 실내마감재로 사용하는 석고보드에서 라돈이 발생하더니 라돈침대로 다시 '친환경' 은 우리 사회에서 중요한 화두가 된 것이다. 환경친화적 공간에 관심이 높다보니 주변에서 나무로 집짓는 공사현장을 어렵지 않게 볼 수 있다. 물론 나무가 꼭 친환경 재료라는 이유만은 아니다. 아파트에 염증을 느낀 사람들, 개성 있는 공간을 원하는 사람들이 많아지면서 나타난 현상이기도 하고, 목재 가격이 지속적으로 낮아지면서 가격 경쟁력이 생겼기 때문이기도 하다. 그러나 무엇보다 콘크리트의 유해성이 알려지면서 목조주택을 희망하는 사람이 크게 증가하고 있다.

산척면 주택은 경골목구조 방식으로 만들어진 집이다. 경골목구조 주택은 2인치의 얇은 목재를 사용하여 집을 짓는다. 때문에 일반적으로 '투바이포(2×4)주택' 이라고도 부르는데, 주로 북미에서 수입한 목재와 건설공법으로 집을 짓는다. 우리나라에 지어지지만 재료에서부터 공법까지 모두 서양의 것이다. 물론 문화적 특성 때문에 우리나라에서는 필수적으로 온돌을 사용하지만, 서양처럼 건식공법으로 공사하다보니 공사기간이 짧아서 소비자나 공급자 모두 선호하는 듯하다. 또한 단열성이 높은 재료와 시공법이 개발되면서 예전 우리의 집에 흔히 있었던 '외풍' 이 사라져 따뜻하게 지낼 수 있으니 유지관리에 관심이 높은 현대인에게는 안성맞춤인 듯하다. 그런데 건설과정에서 보였던 수많은 나무들이 공사가 진행되면서 마감공사에 의해 보이지 않게 되는데, 대부분의 건축주들은 이를 크게 아쉬워한다. 반세기가 넘도록 우리는 콘크리트 주거문화에 익숙해졌지만 깊은 내면에는 아직도 집에 대한 원형을 한옥으로 생각하고 있는 것은 아닌지 궁금증이 생긴다.

건축주의 요구사항은 시작부터 분명했다. 첫째 경골목구조를 이용한 패널라이징공법[6]으로 현장작업을 최소화할 것, 둘째 패시브 기준에 준하는 에너지 성능을 발휘할 것, 그리고 마지막으로 전자기술을 활용한 설계와 시공을 통해 미래 주택의 가능성을 확인할 것이었다. 건축주의 이러한 진보적인 요구는 건축적 호기심을 자극할 만큼 매력적인 것으로써 새로운 가능성을 확인하고 실험할 수 있는 기회가 생긴 것이니 건축가로선 더없이 좋은 일이었다. 그러나 이런 매력적인 조건에도 불구하고 처음부터 건축주와 불편한 대립이 있었는데, 그것은 목구조를 만드는 방법이었다. 경골목구조와 중목구조는 시작부터 완전히 다른 관점에서 출발한다. 어쩌면 시작부터 대립적 긴장감을 가지고 시작되었다고 할 수 있다.

나는 경골목구조보다 한옥과 같은 굵은 기둥과 보를 사용하는 중목구조 방식을 좋아한다. 물론 한옥처럼 원목이나 제재목을 사용하지는 않는다. 오히려 건조를 통해 변형이 생기지 않는 집성목재를 선호한다. 현대의 목재기술은 작은 나무조각을 결합하여 큰 기둥과 보를 만들 수 있다. 따라서 작지만 지역에서 자란 나무로 건축할 수 있다면 그보다 순수하고 진실한 작업은 없을 것이다. 그 바탕에는 '지산지소(地産地消)'[7]의 원칙이 있다. 나무를 접하면서 깨닫게 된 이 매력적인 개념은 지역에서 생산된 물건을 지역에서 소비하는 것으로 지역성을 회복하자는 것이다. 마치 '슬로우 푸드 Slow Food' 운동처럼, 그 지역의 재료와 기술을 기반으로 지역의 환경적 특성에 적합한 집을 지어야 한다. 우리 선조들이 그러했듯이 자연을 우선하는 건축의 생산과 소비를 깊게 고민해야 한다.

투박하지만 구조를 드러내는 기둥과 보는 목재를 감출 수밖에 없는 북미의 집보다 더 신중하고 섬세한 구축적 사고를 요구한다. 크고 작은 부재를 연결해야만 하는 구축과정을 거쳐야 공간을 만들어낼 수 있기 때문이다. 구축이란 공간을 형성하기 위해 체계를 만드는 것으로 이런 체계를 통해 차별화된 고유의 공간이 만들어진다. 결국 구축관이란 건축가의 핵심 언어인 셈이다. 공간을 의도하는 방향으로 이끌기 위해서는 디자인을 치밀하게 해야 한다. 내부는 어찌되건 겉만 예쁘게 포장하는 북미의 방법과 그 차원이 다르다. 우리의 구축법은 솔직하고 진실되며 겸손하다. 과거 목수들이 그러했듯이 건축은 부재의 결합에 의해 수준 높은 내적인 질서를 갖는 공간이 만들어진다. 우리의 나무집은 건축의 본질이 무엇인지 우리에게 말하고 있다. 정기용 선생의 '건축은 그 시대 사람들의 지혜와 정신이 결합된 문화'[8]라는 말에 동의한다면, 우리에게 맞는 나무집짓기에 대한 생각이 필요한 시점이라 생각한다. '주거형태는 단순히 물리적인 힘이나 요소에 따른 결과가 아니라 집과 마을은 사회문화적 요소로서 생활양식의 물리적 표현'[9]이기 때문에 우리의 주거문화에 대한 심각한 고민이 필요하다. 결국 집은 우리의 고유 문화이며, 도시는 우리의 정체성인 것이다.

우리나라는 전통적으로 목재문화권에 속해 있었고, 한옥은 그 목재문화의 결정체라 할 수 있다. 우리 조상들은 일상생활에 필요한 다양한 도구와 물건들에서부터 건축에 이르기까지 나무를 이용하여 여러 형태로 독특한 목재문화를 꽃피웠다. 나무의 부드러움과 자연스러움은 한국조형의 원리가 되었고, 목재의 절제된 처리방법과 섬세한 미적 가치, 그리고 인간 척도에 맞는 공간성으로 선조들은 건축을 넘어 마을과 도시를 만들었다. 황룡사 9층 목탑의 높이가 무려 80미터에 이르렀다는 사실만 보더라도 목재와 목조건축 기술은 분명 우리 사회를 형성하는 중요한 문화적 자산이다. 한옥의 기둥-보 구조에 나타난 공간성은 한국건축의 특징이며, 우리 목재문화의 정신이다.

콘크리트가 우리의 한옥을 몰아냈고, 이제는 경골목구조 주택이 다시 우리의 내면에 간직했던 집의 원형마저 몰아내려 한다. 목재문화의 회복을 위해 이제 우리 건축인들이 앞장 서야 한다. 현대적 삶에 적합한 목재의 현대적 가치와 주거유형을 제시해야 한다. 오늘날의 목재는 과거의 나무와 분명 다르다. 현대의 목재는 콘크리트나 철이 가진 20세기의 재료들이 따라 올 수 없을 만큼 기능적으로 우수하며, 친환경적이다. '콘크리트가 20세기의 재료이고, 철이 19세기의 재료라 한다면, 나무는 21세기의 재료'[10]라는 주장에 동의한다. 철이 도시에 도입되면서 도시의 마천루가 가능했듯이 현대의 목재는 우리의 아파트를 나무로 바꿀 수 있다. 개발이 요구될 때마다 환경을 파괴하고 무분별적으로 자원을 남용하는 방식에서 이제는 환경친화적 개발이 절실히 요구된다.

도시는 유기체처럼 모습을 달리하며 변화하고 발전한다. 도시의 미래는 도시를 구성하는 사람들이 무엇을 생각하고 준비하는가에 달려 있다. 나무는 잃어버린 우리의 목재문화를 회복시켜 줄 도구이며, 21세기 도시와 건축을 만들 혁신적인 건축재이자, 당면한 온실가스 감축과 녹색건축을 실천할 대안임에 분명하다.

그림 1

상: 외폐내개(外閉內開)주택(2016)-국내산 낙엽송 글루램
하: The CLT House(2017)-국내산 낙엽송으로 제작된 Plylam CLT 주택

2장

대립적 주택의 시작

1. 건축주 요구사항

산척면 주택 설계 당시인 2016년도에 시아버님은 89세, 시어머님은 83세였다. 나는 연로한 시부모님을 대신해 건축주 입장에서 주택 전반에 걸친 요구를 하였다. 그래서 내가 평소에 꿈꾸어 온 집, 내가 설계하고 싶은 집에 대한 생각을 요구하게 되었다. 그것은 단열이 잘 되고 편리한 주택이며 경사지붕과 처마가 있는 집이다. 남편 고 교수는 건강에 좋은 목조주택과 미래주택의 기능까지 희망하였다. 주변 건축가들의 이야기를 들어보면, 주택 설계 시 건축주가 "내 집처럼 설계해 주세요." 또는 "알아서 지어주세요."라고 요구하는 것이 제일 난감하다고 한다. 건축주와 건축가의 가족 구성이나 주거 행위, 취향이 다르기 때문에 막연한 요구보다 구체적인 요구 사항을 알려주는 것이 낫다고 한다.

1) 건축계획 측면 요구사항

① 제일 중요한 요구

우리 부부는 대도시의 아파트 2층에서 20여 년 동안 살아 왔다. 가장 큰 불편은 햇볕이 잘 들지 않는다는 점이다. 부모님이 살고 계시던 공장 건물 속의 주택도 건물의 폭이 넓어 햇빛이 들어오지 않아 어두웠기 때문에 새 집은 남향이면서 햇빛이 잘 들어오는 집이 되기를 희망하였다. 그리고 예전 주택이 샌드위치 패널로 벽이 얇고 단열이 제대로 되지 않았으므로 새 집은 단열이 잘 되고 따뜻한 집이 되기를 요구였다.

② 농가주택 용도에 대한 요구

새로 짓는 집은 농가주택이다. 중단기적으로는 80대 후반 노부부가 평일에 거주하는 집이며, 장기적으로는 별장 용도로 사용할 계획이다. 농가주택이므로 고추와 깨, 땅콩 등 각종 농작물을 널어놓고 말리는 공간이 필요하다. 그래서 테라스와 툇마루 같은 데크를 많이 만들어 달라고 하였다. 부엌과 연결된 다용도실은 농작물을 처리하고 보관하는 공간으로 일반 주택보다 넓어야 하며, 텃밭으로 나가는 부출입문이 있어야 하고 흙 묻은 신발 등을 벗고 들어올 수 있어야 한다.

③ 가족 구성에 대한 요구

산척면 주택은 평소에 노부부가 거주하지만 명절이나 휴가 기간에는 모든 가족이 모이는 곳이다. 한 달에 한 번 이상 10~20명이 모여 식사하고 잠도 잘 수 있어야 한다. 남편은 6남매의 장남이고 6남매 중에서 1명은 미국에 거주하고 있다. 80대 노부모를 위한 주택이므로 주택관리가 쉬워야 하고 난방비 등 경비를 최소화해야 한다. 평소에 사용하지 않는 2층은 난방과 전력을 분리해야 한다. 2층으로 올라가는 계단 입구에는 문을 설치하여 에너지 손실을 줄여야 한다. 중기적으로 휠체어 사용을 고려하여 유니버설 디자인※ 으로 되어야 한다.

※ 유니버설 디자인 (universal design, 보편 설계, 보편적 설계)은 제품, 시설, 서비스 등을 이용하는 사람이 성별, 나이, 장애, 언어 등으로 인해 제약을 받지 않도록 설계하는 것이다. 흔히 '모든 사람을 위한 디자인', '범용디자인' 이라고 한다. 최근에는 공공교통기관 손잡이, 일용품 서비스 또 주택이나 도로설계 등 넓은 분야에서 쓰이는 개념이다.

④ 주택 규모에 대한 요구

주택 규모는 예산을 고려하여 연면적 132~165m²(40~50평)를 제안하였다. 층수는 부모와 자녀 세대 사이의 프라이버시 확보가 필요하므로 2층으로 하기로 하고 1층에는 부모님이 주로 거주하고, 2층은 자녀 세대가 사용할 예정이다. 산척면 주택은 노부부가 사는 집이어서 평소에는 침실 하나로도 충분하다. 그렇지만 자녀들이 한 달에 한 번 이상 찾아와 자고 가는 경우가 많으므로 4개의 침실을 희망했다(설계 진행중 농가주택의 규모가 150m² 이하라는 사실을 알고 침실은 3개로 한 다음 다락을 두기로 변경).

⑤ 배치에 대한 요구

건물은 햇빛이 잘 들면서 밝고 따뜻한 지점에 남향 위주로 배치되어야 한다. 건물의 전면과 후면에 각각 마당을 조성한다. 전면에는 정원을 두어 관목(灌木)과 화초를 심고 후면에는 장독대와 빨래를 널어 말리고 가스통을 설치할 수 있는 서비스 야드 Service Yard 가 있어야 한다. 그리고 바비큐 파티를 즐길 수 있는 공간도 필요하다.

⑥ 평면에 대한 요구

평면에서 거실과 가족실, 안방 등 주요 실은 남향 위주로 배열해야 한다. 거실은 명절과 제사를 지내기 위해 병풍을 두르고 그 앞에 큰 제사상을 놓은 후에 20여 명이 모여 절을 올릴 수 있는 규모의 공간이어야 한다. 안방 이외 방에는 한 달에 한 번 정도 자녀 가족이 와서 잠을 자게 되어 이부자리가 필요하므로 각 방에는 충분한 공간의 붙박이 수납장을 두어야 한다. 다음으로 중요한 공간은 부엌이다. 명절에 시어머니와

며느리 4~5명이 엉덩이를 부딪치지 않고 일할 수 있도록 보통 주택보다 2배 이상의 크기여야 한다. 농가주택의 다용도실은 세탁과 보조부엌 역할 뿐 아니라 텃밭으로의 출입 빈도가 높으므로 부출입문과 내수재료로 된 바닥이 일부 있어야 한다. 2층 목욕실에는 대가족이 사용할 때를 대비하여 세면대를 목욕실 입구에 별도로 설치해달라고 하였다.

2) 미래주택 측면 요구사항

① 친환경 요소 도입

냉난방 에너지를 가능한 한 적게 쓰는 것이 친환경 요소의 핵심이다. 나는 산척면 주택에 전기나 가스 대신 친환경 요소인 지열이나 태양광 에너지를 도입하고 싶었다. 여름과 겨울에 사용할 냉온수를 될 수 있으면 지열로 공급하고자 했다. 부족한 에너지는 전기를 사용하는 지열 히트 펌프를 사용하면 될 것이라고 생각했다. 난방은 바닥 난방, 냉방에는 팬 코일 유닛 Fan Coil Unit 을 설치하고자 하였다. 환기는 열회수 환기 시스템을 도입하고자 하였다.

② 스마트 홈 기능 도입

나는 최근 10여 년 동안 유비쿼터스 건축과 도시를 연구하였으므로 그 경험을 바탕으로 비용을 크게 들이지 않는 범위에서 스마트 홈 요소를 적용하기로 결정하고 자동 제어와 원격 제어 시스템을 설치하였다. 그 밖에 보안을 위한 CCTV, 초고속 인터넷, 위성 안테나, IPTV를 가족실과 거실에 도입하였다.

건축주 요구사항

대분류	중분류	요구사항
건축 계획 측면	중요 요구 사항	· 실용성이 높은 집 · 단열이 잘 되는 집 · 겨울에 따뜻하고 여름에 시원한 집
	농가 주택	· 텃밭 방향 다용도실 필요 · 농산물 말리는 테라스 필요
	가족 구성	· 평소 80대 노부부, 한 달에 한 번 20명 대가족 모임 · 노부부의 주택관리 편리성과 아울러 경제성 추구 · 중기적으로 휠체어 사용 고려한 유니버설 디자인
	규모	· 연면적 132~165m^2 · 2층
	배치	· 건물에는 햇빛이 잘 들어와야 함 · 건물 전면과 후면에 마당 조성 · 건물 전면에는 정원이 있어 관목과 화초 등 재배 · 건물 후면에는 서비스 야드 존재
	평면	· 침실은 평소에 1개, 잔칫집 용도인 경우에는 4개 필요 · 남향 위주로 각 실 배열 · 충분한 규모의 거실 · 부모님 전용 공간과 그 밖의 공간 분리 · 안방 이외의 침실은 붙박이 수납장 필요 · 부엌은 일반 주택보다 2배 이상의 넓이 · 텃밭과 통하는 다용도실에 부출입구 설치 · 2층 목욕실에는 세면대 별도 설치
미래 주택 측면	친환경 요소	· 지열 사용 · 팬 코일 유닛 냉난방 시스템 · 열회수 환기 시스템
	스마트 홈	· 자동 제어 · 원격 제어
구조 측면	목조 주택	· 경골목구조 · 복합 패널

3) 구조 측면 요구사항

① 경골목구조

나는 최근 들어 목조건축의 장점에 많은 관심을 갖게 되었다. 나무로 지은 집은 우선 건강 유지에 도움이 된다. 나무는 습도 조절 기능이 있어 습윤한 여름에는 습도를 낮추어 주고 건조한 겨울에는 습기를 제공해준다. 경골목구조는 나무 골조가 바깥으로 드러나지 않지만 공기와 만나면 적당한 습도를 유지해주며, 부드러운 진동과 울림을 만들어 콘크리트 집과 비교해 편안한 느낌을 갖게 한다. 또한 아토피 등 알레르기 예방에도 효과를 발휘한다. 나무의 탄소 저장 기능이 기후변화에 대응하는 측면에서 뛰어나다는 점은 개인에게 크게 와닿지 않는다. 이러한 측면에서 국가는 목조건축을 권장하고 모자라는 목조건축비를 건축주에게 보전해 줄 필요는 있다고 생각한다.

② 목재 복합패널

경골목구조로 하면서 단열이 잘 되려면 목재 복합패널[11]로 시공되어야 함을 강조하였다. 목재 복합패널이란 목재 패널(WP)에 단열재, 기밀 · 방수지, 각종 배관, 창호, 마감재 등을 선택 · 조합한 구조 및 마감 패널이다.

※ 목재 복합패널 관련 용어
- 목재 패널(WP, Wood Panel) : 구조용 목재, 합판 등 목질 구조체
- 목재 복합패널(WCP, Wood Compound Panel) : 목재 패널(WP)에 단열재, 기밀 · 방수지, 각종 배관, 창호, 마감재 등을 선택 · 조합한 구조 및 마감 패널
- 패널라이징(Paneling) : 공장에서 벽단위로 미리 제작되어 이동시킨 후 현장에서 크레인으로 조립하는 방식

2. 가성비 높은 집

좋은 집이란 어떤 집일까? 형상이 아름다운 집일까? 여러 대안 중에서 조건에 차이가 없다면 겉보기에 아름다운 쪽을 선택할 것이다. 하지만 현실은 그렇지 않다. 멋진 외관을 갖추기 위해서는 비용을 더 들여야 하며, 기능을 포기할 수밖에 없는 경우도 발생한다. 나는 이런 선택을 바라지 않는다. 비용을 우선 배정해야 하는 곳에는 집의 성능을 향상시키고 에너지를 효율적으로 사용할 수 있게 했다. 이런 과정을 거쳐 균형 잡힌 모습에 의한 아름다움이 추구될 수 있어서 만족한다.

3. 설계, 건축의 시작

건축은 참으로 복잡한 산업이다. 모델하우스에서 집 구경하는 것은 너무 간단하나 집짓는 과정을 살펴보면 결코 간단하지 않다. 더구나 직접 집을 지어야 한다면 완전히 다른 차원의 이야기가 된다. '집 한 채 짓고 10년 늙는다' 는 말처럼 어디서부터 시작해야 할지 막연하기만 하고, 그렇다고 시공자만 믿고 시작하기에는 더욱 불안하다. 지인들로부터 소개를 받아보지만 판단이 서지 않아 불신이 시작되면 행복한 집짓기는 피곤하고 힘든 일이 되고 만다.

1) 집장사의 집, 건축가의 집

예비 건축주들은 집짓기를 처음 누구와 시작해야 할까? 시공사의 '구경하는 집'은 그런 점에서 분명 편리하다. 마치 아파트의 모델하우스처럼 사용된 자재와 평당 가격을 확인할 수 있고 자신의 요구조건을 맞춰줄 수 있는지 상담하게 된다. 시공사는 가급적 가격을 낮게 제시하여 건축주들의 호감을 얻고자 할 것이며, 건축주는 최대한 좋은 자재를 선택하여 좋은 품질을 얻으려는 팽팽한 신경전이 펼쳐진다. 좀 더 치밀한 건축주는 여러 업체를 만나 추가 정보를 수집하기도 한다. 이런 계약방식을 설계-시공 Design-Build 프로젝트라고 하는데, 주로 시공사가 설계까지 책임지고 진행하기 때문에 계약과정이 간단하고, 공사가 빠르게 진행될 수 있는 점도 좋다. 또한 계약에 앞서 공사비를 확정하기 때문에 예산 계획을 세우기도 쉽다.

그러나 장점이 있는 만큼 위험요소도 많다. 주택은 아파트와 달리 건축주의 요구조건이 제각각이다. 또한 대지 위치에 따라 요구되는 구조적 특징도 다를 수밖에 없는데, 건축주의 요구사항을 세세하게 시공자가 충족시키기에는 한계가 있다. 개략적인 도면 몇 장으로 가격이 확정되고 계약이 이루어지기 때문에 시공자는 급할 것이 없다. 혹시라도 분쟁이 발생할 경우 이를 검증하거나 중재할 수 있는 사람도 없다. 잘못된 시공이나 하자가 발생하면 건축주는 결국 시공자에 직접 맞대응하다가도 시공자의 요구를 수용할 수밖에 없는 상황이 발생할 수 있다. 여전히 공급자 중심의 주택이 될 가능성이 높다. 무엇보다 안타까운 점은 좋은 자재 선택만으로 좋은 집이 만들어지지 않는다는 것이다.

알랑 드 보통 Alain de Botton은 「행복의 건축 The Architecture of Happiness」을 통해 '우리에게 물리적인 집뿐만 아니라 심리적인 집도 필요한데, 건물은 일종의 심리적 틀처럼 우리를 지탱하여 우리에게 도움이 되는 우리 자신의 모습을 유지'[12] 해준다고 설명한다. 주택을 '백가백색(百家百色)' 이라 했던가! 주택은 각기 다른 모습과 색을 지니고 있기에 적어도 아파트처럼 다루어져서는 곤란하다. 주택은 마감재료에 의해 만들어지는 것이 아니라 거주자의 특성에 적합한 공간으로 완성되어야 한다.

이런 점에서 건축가의 집짓기는 매우 유용한 방법이다. 비싼 집만 건축가가 설계한다고 생각하는 것은 일종의 편견이다. 건축가의 역할은 멋진 집을 짓는 것만큼 예산에 맞는 합리적인 집을 설계하는 것이다. 건축가는 건축주의 요구사항을 충족시킬 대안을 제시하고, 감리활동을 통해 건축주로부터 승인받은 도면에 따라 시공자의 공사품질을 지도한다. 건축주의 대리인 agent 으로서 건축주 입장에서는 시공자에 대한 안전장치를 마련한 셈이다. '설계-입찰-시공 Design-Build' 방식은 전통적인 방법으로 '설계-시공' 방법보다 시간이 오래 걸리지만 건축주가 원하는 집을 짓는 가장 확실한 방법 중 하나이다. 건축주에 따라 요구하는 집짓기 일의 범위와 시간이 달라진다. 이런 이유로 시작부터 '평당 얼마' 라고 대답하는 것은 옳지 않다. 건축주가 원하는 바를 모르면 어떤 방식으로 프로젝트를 진행할지 모르고, 또한 역할이 정해지지 않으니 공사비나 설계비를 규정할 수 없게 되는 것이다.

산척면 주택은 건축가가 설계한 집이다. 우리가 생각하는 높은 천장이나 화려한 마감은 처음부터 고려대상이 아니었다. 또한 예술적인 감수성이나 형태적인 호기심에 대한 생각들과는 더욱 더 거리가 멀었다. 왜냐하면 건축의 요구사항이 아니었기에...

2) 작지만 넓은 집

설계가 시작되면 대부분의 건축주들은 평면도를 바로 그린다고 생각하지만, 사실은 전혀 그렇지 않다. 설계는 건축주와 건축가의 대화에서 시작된다. 건축주에 대한 이해 없이는 설계를 시작할 수 없다. 건축주는 제일 먼저 '건축주 요구사항' 을 작성해야 한다. 집을 짓는 이유가 무엇인지, 살고 싶은 집의 내용, 요컨대 방의 개수와 크기 등 기본 조건은 물론이고 입주 후 어떤 삶을 꿈꾸는지까지 모든 것이 설계 작업의 기초가 되는 중요한 정보들이다. 어떤 건축주는 마치 글짓기 숙제를 하듯 집에 대한 꿈을 이야기하기도 하고, 어떤 이는 그저 단순하게 방의 개수와 평수만을 나열하기도 한다. 요구사항이 구체화될수록 최종 결과물도 만족스러울 가능성이 높다. 이 과정을 거치면서 건축주의 생각이 분명해지는 동시에 자신의 요구사항이 얼마나 피상적이고 모순된 것이었는지를 배울 수 있다. 건축가의 작업은 바로 이런 문제와 모순을 검토하여 우선적인 가치를 잘 선별하는 것, 바로 이것이 작업의 열쇠가 되는 것이다.

산척면 주택도 그러했다. 시작은 모순 그 자체였지만 논의를 통해 설계방향이 가닥을 잡아가기 시작했다. 애초에 건축주는 시골에 사는 노부모를 위해 작은 집이 필요했지만 사실은 가족이 모두 모여 지낼 수 있는 공간을 원했다. 노부모를 위한 공간은 적어도 되지만 가족 그것도 20명이 넘는 대가족은 큰 공간이 필요했다. 노부부를 위한 주택은 검박하고 소박한 최소의 주택이 적합하지만 부모를 찾는 자손을 위한 공간은 여유 있는 최대의 주택이 필요하다. 노부부에게 필요한 에너지의 양은 작지만, 가족이 모두 모이는 명절이면 잔칫집처럼 많은 양의 에너지가 필요하다. 평소에는 최소의 집이지만 가족이 모이면 잔칫집과 같다. 자식을 도시로 보낸 노부부가 텅 빈 집을 지키는 시골집의 모습이다.

그 뿐만이 아니다. 집에 살 사람은 노부모이지만 건축주는 아들 내외이다. '따뜻한 집이면 된다' 는 것이 노부부가 바라는 전부이다. 그러나 구체적인 요구사항은 아들부부로부터 나온다. 삶은 시골에 있지만 집을 짓기 위한 생각은 도시에 있다. 즉 집은 마을과 노부모의 삶을 담아야 하지만 집의 구상은 도시적 삶에 바탕을 두고 있다. 전원적 공간, 도시적 삶, 정말 대립적이고 재미있는 구조이다.

작지만 큰 집을 어떻게 만들 수 있을까? 에너지 소비가 적은 큰 집을 지으려면 어떻게 설계해야 하나? 요구조건은 모순 그 자체였다. 그뿐이 아니다. 건축주는 시작부터 경골목구조를 원했다. 기회가 있을 때마다 중목구조를 통한 '도시 목조화' 를 주장했던 나의 생각과 정면으로 대치된다.

북미에서 들어온 소위 2×4주택은 우수한 공법이지만, 우리나라 환경에 적합하지 않다고 생각한다. 나무로 짓지만 내부와 외부 마감재가 목재가 아닌 경우가 많기 때문에 정작 준공 후에는 나무가 보이지 않는다. 나무가 보인다면 일종의 장식일 뿐 나무로 장식을 하는 순간 목재와 공간의 순수성은 사라지고 만다. 양옥과 한옥에 대한 충돌이고, 경골목과 중목의 대치이며, 실용과 양식의 갈등이다.

그림 2

대립주택(Conflict House)의 개념 도출: 디자인 컨셉으로 적용된 Conflict House는 대치되는 생각들을 하나로 종합할 수 있도록 대화와 대안을 거듭하면서 드디어 디자인 방향, 즉 '대립적 주택'의 개념이 완성되었다. 연면적 148.5m²(45평) 중 33m²(15평)은 노부부를 위한 일상의 삶을 위한 공간이다. 99m²(30평)은 가족 모두의 잔치를 위한 공간이다. 33m²(15평)은 효율적으로 에너지를 사용할 수 있는 단순한 형태로 만들지만, 가족을 위한 공간은 약간의 공간적 성격을 부여한 복층구조이다. 집을 만드는 방법은 경제적인 경골목구조 주택 시스템을 사용했지만 두 공간을 연결하는 중정과 처마공간은 중목구조를 적용하였다. 그러나 안타깝게도 공사도면을 마무리하는 과정에서 건축주의 요구로 중목구조의 기둥이 사라졌는데, 설계자로선 아쉬움이 클 수밖에 없는 부분이었다.

3장

마을읽기와 터잡기

1. 풍수전문가 조언에 따른 터잡기 과정

홍콩 건축가는 설계할 때 풍수가의 조언을 듣는다고 한다. 나는 오랫동안 인생의 멘토로 모시고 있는 소천(小泉) 선생님의 조언을 듣기로 했다. 그 자리에는 건축주와 건축가가 함께 했다. 듣고 보니 집을 지을 때 주변을 잘 살피고 배려하는 마음을 담아 집터를 잡아야 한다는 사실을 알게 되었다.

새 집이 들어설 곳으로 옆집과 충돌하지 않고 찬바람을 피할 수 있는 방향을 택했다. 기존의 마을이 형성된 위치와 호응하는 자리에서 어긋나지 않았다. 건축가도 동의했고 집 옆의 혜명사(慧命寺) 스님께서도 조언해주셨다. 스님은 북쪽에서 불어오는 찬바람을 막을 둔덕을 설치하라고 하셨다.

2. 마을읽기와 일조에 대한 고민

1) 대지 처음 만난 날

대지를 처음 만난 것은 지금부터 5년 전인 2014년 가을이었다. 높고 푸른 가을 하늘, 노란 들판이 아름답고 편안해 보였다. 대지를 처음 만나는 날은 소천 선생과 함께 했다. 소천 선생은 건축주의 명리학 선생으로 대지의 풍수를 살피러 경주에서 오셨다. 건축에서 가장 중요한 것이 건축물의 배치인데, 풍수를 보고 건물 위치 결정을 참고한다 하니 건축가 입장에서 난처하기만 했다.

건물의 채움과 비움을 어떻게 하느냐에 따라 똑같은 땅도 그 모습을 달리할 만큼 건물 배치는 설계에서 가장 중요한 사항이다. 계획각론에 따라 적합한 건물의 향과 조망을 살펴보는 것, 이웃집들과 관계를 설정하는 것, 바람의 흐름을 느끼고, 심지어는 실내공간과 마당과의 관계를 설정하는 것 등 그야말로 건물 배치는 땅을 합리적으로 운영할 생각을 담는 과정이다. 건물 배치는 곧 건축가의 생각을 드러내는 핵심이며, 설계의 모든 것이라 할 만큼 중요한 일이다.

대지에 도착하여 늘 하던 대로 땅의 중심에서 동서남북을 찾고 남쪽 방향으로 서 보니 조망점이라 할 만한 게 없었다. 뒤를 봐도 그렇고... 더구나 동남 방향에 위치한 샌드위치 패널 창고건물은 건물 향을 잡는데 방해가 되었다. 자리를 이리저리 옮기며 건물이 놓일 적합한 자리를 찾아보았지만 합당하지 않았다. 조망도 편치 않고, 바람길목도 문제인 것 같고, 마당의 쓰임새도 적합치 않고... 헷갈린다. 확신이 서질 않는 것이다.

그런데 마을을 1~2시간 돌아보면서 재미난 사실을 발견하였다. 마을길을 따라 배치된 집들이 모두 서쪽을 향하고 있는 것이 아닌가. 신기했다. 서향으로 배치된 탓에 깊은 처마가 달려 있고, 그것도 모자라 '부연'[13] 역할을 하는 처마지붕이 집집마다 덧대져 있었다. 왜 에너지에 불리한 서향을 선택했을까? 남향으로 배치하면 이렇게 하지 않아도 될 일인데, 의문이 들었다. 그런데 주변 지형을 좀 더 넓게 살펴보니 마을의 배경이 되고 있는 뒷산이 동서방향으로 자리하고 있는 게 아닌가...

그림 3

1차 대지조사 : 대지조사를 통해 건축가는 땅을 이해하고 설계의 방향을 세우게 된다.

바람을 막고 열린 공간으로 집을 앉혔던 지혜를 깨닫는 순간, 자연과 조화를 이루어 온 마을의 질서를 이해할 수 있었다. 대지로 돌아와 서향을 등지고 서 보니 나름 조망도 좋다. 병풍처럼 둘러친 북쪽 산의 골짜기로부터 불어오는 바람도 피할 수 있을 것 같았다. 무엇보다 좋은 것은 마을 집들과 나란하여 마을의 정체성과 동화될 듯 보였다. 그래도 계속 마음에 걸리는 것은 바로 남향이 아니라는 점이다.

우리 현대주택문화의 가장 큰 특징은 전통적으로 조망보다는 일조가 최우선 고려대상이라는 점이다. 아무리 좋은 조망을 가진 아파트 단지도 언제나 남쪽을 향해 배치된다. 강과 산이 보여도 아랑곳하지 않고 남쪽을 고집한다. 집이라는 관념 속에 한옥의 배치가 영향을 준 때문일까? 우리 조상들은 집을 짓기에 적합한 땅으로 볕이 잘 들고 바람이 좋은 곳을 선택해 왔다. 계절이 뚜렷한 우리의 자연환경에서 남향집을 선호하게 된 것은 지역적 특성에 적응해 온 지혜의 소산이다.

여름에는 적당한 깊이의 그늘, 겨울에는 보다 많은 일사량을 받을 수 있어야 하는데 그 해결책이 바로 한옥의 처마이다. 바람의 방향도 남향을 선호하게 된 이유 중 하나이다. 여름에는 시원한 동남풍을 받을 수 있도록 남동쪽을 향하고 있고, 겨울에는 찬바람을 막을 수 있도록 북서향을 피하고 가급적 막을 수 있는 곳을 선호했다. 또 배산임수(裴山臨水) 원칙을 가지고 있었다. 계절적 특징은 환경에 대한 순응이며, 자연조건을 이용할 수 있는 지혜의 결실이다. 이런 한국인에게 뿌리 깊게 박힌 남향선호는 아파트에도 그대로 적용되었고 그 결과 얇고 긴 아파트, 전면 폭이 넓은 아파트들은 우리 도시환경을 단조롭게 만드는 원인이 되기도 했다.

2) 대지에 따라 다른 집 방향

이제는 소천 선생의 생각을 들을 시간이다. 그런데 명당에 대한 해석이 흥미롭다. 배산임수, 좌청룡 우백호라든지, 남쪽으로 집을 앉히고 조망을 열어야 한다는 우리가 알고 있는 일반적인 상식과 달리 매우 유연한 말씀을 하신다.

"명당이라 해서 꼭 집을 남쪽으로 앉혀야 하는 것은 아니다. 그 산세와 지형에 맞도록 집을 배치해야 한다. 경우에 따라서는 집 방향을 북쪽에 배치해야 명당이 되는 곳도 있다."

한방 얻어맞은 느낌이다. 지금까지 한 번도 듣지 못한 주장이다. 물론 대문이나 출입구를 북쪽으로 하면서 거실이나 안방을 남향 우선으로 배치한 적은 있어도 집의 주방향을 남향이 아닌 곳으로 배치한 적은 거의 없었기 때문이다. 대지는 저마다 형상이 다르고, 그 땅이 가진 이야기도 다르다. 모든 사람의 얼굴이 다르고 생각이 다른 것처럼, 대지는 겉으로는 같은 듯 보여도, 실제는 각기 다른 특징을 가진다. 땅이 흙으로 구성된 점 말고는 모두가 다르다. 알고 보면 흙의 성질도 모두 다르다. 대지와 주변의 관계를 살펴보면 결코 같은 것이 하나도 없는 완전히 다른 모습을 하게 된다. 그럼에도 우리 건축가들은 그동안 효율적 활용이란 이름으로 개성 없는 건물들을 반복적으로 생산해 온 것은 아닌지 자문해 본다. 소위 아틀리에 건축가들이 한때 아파트 프로젝트를 기피했던 이유는 바로 이런 장소적 특징을 무시하고 건물 배치에 편리하도록 대지를 단조롭게 하고 모든 대지를 동질화시켰기 때문 아니었던가?

소천 선생은 명쾌하게 말씀하신다. 지금 비닐하우스가 있는 이 자리가 명당이라고. 주변 산세에 적합하다는 말씀에 나 역시 쉽게 동의했다. 마을의 모습과 이웃집의 관계 등을 고려하면 대지 경계에 붙어 있는 비닐하우스 위치가 가장 적합하다. 대지의 효율적 사용이란 측면에서도 대지 끝에 건물을 배치하면 넓은 앞마당을 확보할 수 있으므로 좋다. 건물을 배치할 때 건축가들은 본능적으로 대지경계를 최대한 활용하려는 습성이 있는데, 비싼 땅값을 생각해서가 아니다. 건축가가 통제할 수 있는 환경을 최대한 확보하기 위함이고, 설계의도에 맞게 건물을 배치하고 공간을 만들어낼 수 있는 것이다.

그림 4

대지경계선을 따라 배치된 비닐하우스. 서향 60도가 넘어 실제로 건물이 이 위치에 앉게 되면 완전히 서향집이 된다.

비닐하우스 위치가 편안해 보인다는 것에 우리 모두 동의했지만, 여전히 향은 마음에 걸린다. 비닐하우스 자리는 서남방향에 가깝기에 서쪽 해를 어떻게 할지, 새로 짓는 집인데도 불구하고 어쩔 수 없이 서향으로 집을 배치하는 게 과연 합당한 것인지 확신이 서지 않는다. 에너지 관리도 그렇고 이웃집과 근접하는 것도 마음이 편치 않았다.

3) 비오는 날, 두 번째 만남

언제부터인지 잘 모르겠지만 설계를 맡으면 하룻밤을 대지에서 보내는 습관이 생겼다. 물론 프로젝트마다 항상 그럴 순 없지만 대지가 주는 인상은 때와 날씨에 따라 다르기 때문에 가급적 오랜 시간, 여러 차례 방문하는 것이 좋다. 화창한 봄날의 대지와 눈 내리는 겨울의 대지에서 받는 인상이 사뭇 다르다. 아침, 점심, 저녁이 다르고 맑은 날, 흐린 날, 비오는 날 등 그 느낌이 다르다. 어떤 땅은 쉽게 말을 걸어오기도 하지만 어떤 땅은 좀처럼 곁을 주지 않는 놈도 있다. 그럴 때면 달리 방법이 없다. 그 놈과 친해지기 위해 가능한 많이 가보는 수밖에…

10월 21일 비가 온다. 땅을 어떻게 써야 할지 모른 채, 비오는 날 대지를 두 번째 찾았다. 대지 주변에 유난히 우수 맨홀이 많았기에 빗물과 대지의 관계를 반드시 살펴야 하겠다고 생각했는데, 마침 오늘은 대지 주변의 배수관계를 살펴보기 좋은 날이다. 여느 시골풍경이 그렇듯 비오는 날 시골풍경은 한가롭고 여유롭다. 비 냄새도 좋고 빗소리도 좋지만 빗방울이 처마 아래로 떨어지는 모습을 보고 있노라니 어릴 적 살던 한옥 집까지 생각난다.

마을 입구로 이어지는 도로는 개울을 포장하여 도로처럼 사용하는 구거(溝渠, 도랑)인데, 북쪽에 위치한 논 때문에 혹시나 비가 많이 오면 땅이 잠기거나 고이는 곳이 생기지 않을까 걱정했지만, 특별한 문제점을 발견하지 못했다. 역류할 가능성도 없어 보인다. 관로의 위치를 찾아 집을 배치할 때 간섭이 생기지 않도록 하는 일이 필요해 보였다.

그림 5

2차대지 조사 : 대지조사는 가능하면 다양한 시간과 환경을 살펴보는 것이 좋다.

4) 패시브의 출발은 남향 배치에서

본격적으로 디자인 작업이 진행된 것은 그로부터 2년이 지나서였다. 여러 사정으로 시작이 늦어졌지만 그 사이에도 틈나는 대로 집에 대한 생각을 건축주와 이야기 나눌 수 있었다. 서로 이해할 수 있는 바람직한 시간이었다. 모든 건축설계가 그렇지만 특히 주택은 사용자의 모든 것을 이해하지 못하면 올바른 설계를 진행하기 어렵다. 목조주택의 장단점, 공업화를 위한 패널라이징주택, 미래주택을 위한 공간디지털화 등 많은 이야기가 있었지만 역시 배치와 향은 가장 어려운 문제였다.

소천 선생의 명당에 대한 해석과 마을읽기와 같은 대지조사를 통해 서향 배치가 좋겠다는 생각을 가졌음에도 집을 남향으로 지어야 한다는 생각은 쉽게 포기할 수 없는 문제였다. 특히 패시브주택 passive house 을 위해서는 남향 배치가 최우선적으로 고려되어야 할 사항이었기 때문에 디자인 방향을 세우는데 가장 많은 시간을 할애한 것도 바로 향 문제였다.

패시브주택은 따뜻한 집으로 일반인들에게 널리 알려진 용어이다. 독일에서 시작된 패시브주택은 단열성능의 정량적인 기준을 제시함으로써 주택의 표준을 새롭게 하였다. 독일과 기후가 다르기 때문에 우리 환경에 적합하지 않는 건축 상세 기술도 포함되어 있지만 알고 보면 이미 우리나라 주거문화에는 항상 존재했던 개념도 있다. 패시브주택을 위한 5가지 조건은 남향 배치, 차양, 고성능 창호, 고기밀 벽체, 그리고 열교환 시스템인데, 이 중에서 남향 배치와 처마는 우리 전통건축에 빠질 수 없는 중요한 요소이다.

우리나라 사람들이 남동향 집을 선호하는 이유는 간단하다. 밤새 싸늘해진 주택에 이른 아침부터 햇볕을 받도록 하여 집 온도를 높이기 위함인데, 특히 노인을 위한 주택이라면 남동향이 더욱 좋다. 그러나 실제로는 남서 5도 향이 열적으로 가장 많은 태양 에너지를 흡수한다고 알려져 있다. 사실 정남향을 기준으로 30도 범위 안에 건물의 주방향을 만든다면 에너지 흡수량에 큰 차이가 없기 때문에 일반적으로 아파트를 건설할 때 이 논리를 적용하곤 한다. 이런 이유로 서향 햇볕만 조절한다면 이 주택도 남서 30도를 벗어나지 않도록 계획할 수 있겠다는 생각에 도달하게 되었다.

건축은 여러 요소를 합리적으로 만드는 프로세스이다. 남향 배치 문제도 마찬가지이다. 따뜻한 집을 싫어할 사람이 어디 있겠는가! 그럼에도 디자인을 결정하는데 가장 중요한 것은 바로 모든 요소를 통합할 수 있는 것, 즉 균형이다. 어느 한쪽으로 치우치지 않고 여러 조건을 충족시키도록 만드

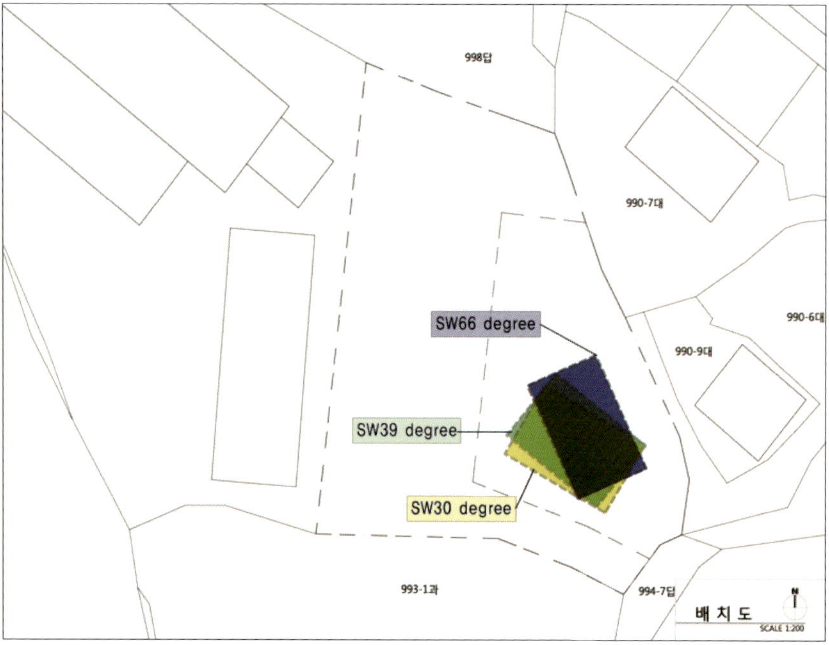

그림 6
향 배치에 따른 일조량 분석

는 작업이 바로 건축설계인 것이다. 결국 우리는 남서향 태양각도에 대한 대안 검토가 뒤이어 진행되었다.

5) 마을 질서를 따른 최선의 선택지

작업은 향의 대안 검토와 대지의 사용 방법에서 시작되었다. 비닐하우스와 같은 서남향 66도, 이웃한 주택과 같은 남서향 39도, 남서향 30도로 구분하고, 대지의 위치에 따라 장단점을 비교해 보았다. 계절마다 아침부터 저녁까지

REVIEW

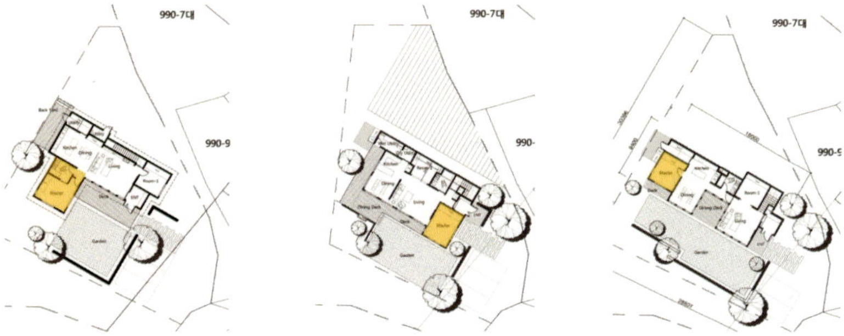

Alt-A **Alt-B** **Alt-C**

그림 7

배치에 따른 평면의 발전과정

집안에 들어가는 햇볕과 에너지의 양을 함께 점검했고, 예상한 대로 남서향 30도 배치라면 반드시 남향이 아니더라도 좋겠다는 결론에 도달했다. 최상의 조건인 정남향이나 비닐하우스가 자리한 바로 그 방향은 아닐지라도 마을의 질서를 따르고 조화를 이루면서 햇볕 에너지를 충분히 확보할 수 있는 위치라는 확신이 들었다. 비닐하우스 자리보다 앞쪽으로 건물을 배치함으로써 이웃과의 분쟁도 해결하고 뒷마당이 확보되면서 실내공간으로 바람이 통할 수 있게 되었다.

남향 배치와 마을 질서 사이의 갈등은 남서 30도 방향으로 결론지었다. 100% 남향 배치를 포기하면서 아침 햇살을 받아들이지 못하고 오후에는 긴 서향의 햇빛을 받아야만 했다. 때문에 처마는 더 길어야 했고, 에너지 사용에 있어

통제가 쉬우면서도 경제적인 설비시설이 필요했다. 대지 경계선을 따라 건물을 배치하지 않아서 어쩔 수 없이 대지가 양분되었지만 뒷마당을 확보해 생활에 필요한 공간으로 사용할 수 있게 되었다. 아마도 충분한 주변 대지가 없었다면 선택하기 어려운 결정이었을지 모른다. 이처럼 모든 선택과 결정에는 장단점이 수반됨에도 합리적인 판단을 바탕으로 조화와 균형을 유지하는 것이 건축설계에서 중요하다.

그림 8

마을의 질서와 대지의 관계/ 마을의 모든 집이 서향으로 배치되어 있다.

4장

최소, 최대, 최적의 집

1. 최소의 집

1) 단열 고려하면 단순해야 한다.

맞는 말이다. 단열성을 높이려면 형태는 가급적 단순해야 한다. 정육면체이면 더 좋고, 구형이라면 에너지 활용에 완벽한 공간을 만들 수 있다. 그러나 집의 목적은 거주에 있으니 만화영화에 나오는 집이 아니고서는 구형의 집은 실제로 존재하기 어렵다.

그동안 많은 건축가들이 패시브주택과 같은 설비 성능을 높이는 설계기술에 무심했던 게 사실이다. 대부분의 건축가들은 건축에서 공간과 형태의 관계가 그 어떤 가치보다 높다고 생각한다. 패시브주택을 만들기 위해서는 형태도 단순해야 하지만 열의 손실을 막기 위해 무엇보다 건물의 입면 표면적과 창문의 크기가 작아야 한다. 이런 물리적 제약을 고려하다보면, 결국 홑집구조보다는 아파트처럼 겹집구조를 선택할 수밖에 없어진다. 디자인 관점에서 보면 이런 이유 때문에 건축가가 패시브 개념만으로 설계하는 것은 쉽지 않은 일이다. 이런 단점은 건축주에게도 마찬가지다. 집을 짓는 이유 중 하나는 넓은 마당을 누리는 것이고 또 다른 것은 아파트와 다른 주거공간을 원하기 때문인데, 열의 성능만을 고려하여 아파트와 같은 구조로 만들어진다면 아쉬움이 클 것이다. 아파트 평면처럼 효율적이고 단순한 박스형을 벗어나기 어려우니 적지 않은 비용을 들여 집짓기를 원하는 사람들에게도 아쉬움이 클 수밖에 없다.

ENERGY

3.6L House

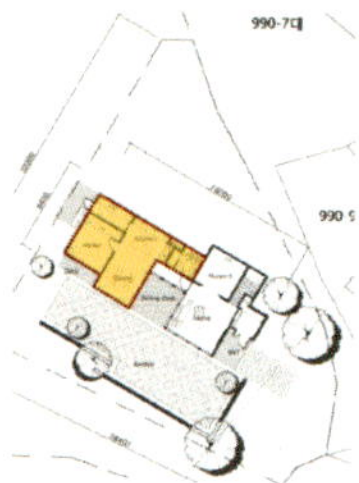

	외벽/지붕/바닥	창호/문	전체평균
평균열관류율	0.21	1.02	0.25
면적	259.24	12.78	272.02

난방에너지	냉방에너지	조명에너지	급탕에너지	합계
35.5	19.7	32.8	29.2	117.2

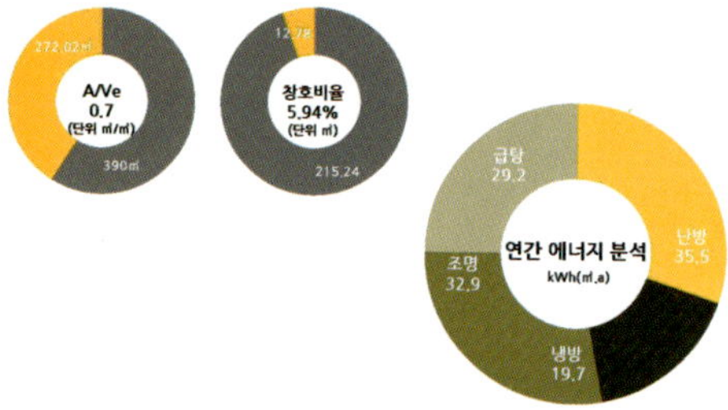

그림 9

에너지 성능 평가를 통해 설계작업 과정에서 필요한 에너지양을 확인할 수 있다.

패시브주택을 원하는 사람들의 관심은 건축적인 관점보다는 주로 유지관리비가 적다는 것에 집중된다. 당연히 에너지 사용량이 적다면 그만큼 냉난방 비용이 적게 들 것이다. 산척면 주택도 마찬가지였다. 건축주는 패시브주택 인증보다 에너지를 적게 사용하되 효율이 좋은 '저에너지 고효율 주택'을 원했다. 부모를 위한 집이니 당연히 단열이 좋아야 하고 유지관리비도 적게 들어야 한다는 전제조건이 있었다. 반드시 패시브 기준을 만족시킬 필요는 없지만 그래도 패시브에 준할 정도의 따뜻한 집은 필수였다.

단순한 형태가 유리하다는 건 분명하다. 체적에 대한 외피면적 비율, 즉 A/V비율이 낮을수록 열적 성능은 높아지는데, A/V비율계수가 0.1점 올라갈 때마다 에너지 성능은 10%씩 떨어진다. 구형이나 정육면체가 가장 좋지만 그렇다고 집을 주사위 같은 형태로 만들 수는 없다. 에너지도 중요하지만 건축은 공간에 있고, 그 공간을 만드는 형태는 비례로부터 시작하기 때문이다.

2) 50m²(15평) 공간이면 충분하다.

연로하신 부모님이 살 공간이므로 큰 집보다는 작은 집이 적합하다. 부피가 작으면 냉난방에 유리하고 또 집안청소 등 유지관리도 쉽기 때문이다. 집은 작으면 작을수록 좋다. 면적이 줄어들면 공사비도 적게 들어 오히려 수준 높은 공간을 만들어낼 가능성이 커진다. 노부모를 위한 적정 면적을 찾기 위해 원룸형태를 검토할 필요가 있었다. 최소한 침실, 향후를 고려하여 휠체어가 드나들 수 있는 화장실, 그리고 주방과 다용도실을 갖춘 50m²(15평) 정도의 크기라면 충분할 것으로 가정하고 여러 가지 평면 대안을 검토해 나갔다. 소위 도심형 주택의 원룸형 도면을 살펴보기도 했고, 방이 없는 스튜디오 타입의 오피스텔도 벤치마킹을 한 후 50m²(15평)가 적합하다는 결론을 내렸다.

2. 최대의 집

우리 사회는 한때 '주택은 넓어야 한다'는 풍조가 있었다. 비좁은 아파트와 달리 푸른 잔디밭과 정원, 넓은 거실, 높은 천장과 따뜻한 벽난로, 마치 TV드라마에 나올 법한 그런 이미지를 지닌 주택말이다. 어떤 이들은 재력을 과시하기 위해 그런 집을 짓기도 했고, 집장사라 불리던 시공업체들은 대지와는 무관하게 별장주택이란 그럴듯한 이름을 붙여 마구잡이로 건설하기도 했다. 넓은 집을 짓기 위해 쏟아 부은 막대한 공사비는 고스란히 입주자들의 부담으로 돌아왔으며, 유지관리하기 위해 또 다시 많은 비용을 감당해야만 했다. 그동안 작은 집은 불편하고 초라할 것이라는 편견이 있었던 것도 사실이다. 이러한 사회적 통념이 서서히 바뀌고 있다. 작은 집은 실용적이고 아름답다. 작다고 해서 결코 디자인이나 개성이 없는 주택이 아니다.

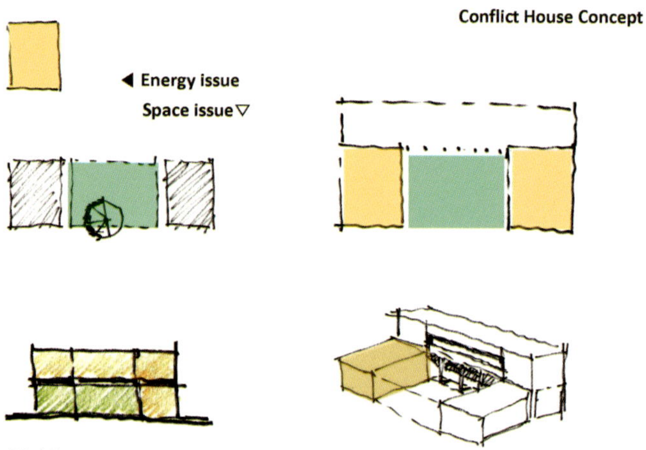

그림 10
최소, 최대의 집의 발전 과정에 대한 컨셉 다이어그램

3. 잔칫집을 위한 최적의 집

문제는 가족이 모이는 휴일이나 명절에 사용할 공간이다. 건축주의 부모를 위한 최소의 집 50m²(15평)는 건축주를 포함한 5남매 부부와 그 자녀들이 함께 시간을 보내기에는 턱없이 부족하다. 그렇다고 노부부가 큰 공간에서 일상생활을 할 수는 없는 일이다. 가족이 모이면 함께 지낼 별채가 필요했지만 별채에 또 다시 주방과 화장실을 설치하면 집의 규모는 점점 더 커지고 공사비는 상승할 것이다. 유지관리비도 문제이고, 에너지 절약을 위해 집 전체를 패시브주택으로 만든다면 프로젝트 예산을 초과할 것이 뻔하다. 묘수가 필요했다. 마치 변신로봇처럼 작은 집이 일순간 커지는, 융통성 있는 공간이 필요했다.

우리나라 전통건축의 특징 중 하나는 공간의 확장성이다. 한옥에 설치된 들창문의 매력은 바로 공간의 확장에 있고 자연을 내 방안으로 끌어들이는 마력이 있다. 방과 방을 연결하는 창호를 여는 순간 2개로 나누어진 방은 하나의 공간이 되고 대청까지 이어지면 다목적 공간으로 변한다. 바로 이거다. 이러한 공간적 장치를 산척면 주택에 적용할 필요가 있다. 부모님이 사용할 거실과 가족이 모두 함께 사용할 수 있는 가족실을 하나의 공간으로 묶을 수 있는 대청과 같은 공간이 필요했다. 실내공간으로 만든다면 면적이 증가하겠지만 외부 데크와 같은 공간으로 만들어 융통성 있게 사용한다면 결코 최대의 집은 아니더라도 최적화된 주택을 가질 수 있다. 결국 부모는 최소의 공간에서 편리하고 경제적인 삶을 누리지만 가족이 모이는 날이면 옛 시골집처럼 대가족이 함께 생활하는 잔칫집이 되는 것이다.

4. 설계 개요와 도면

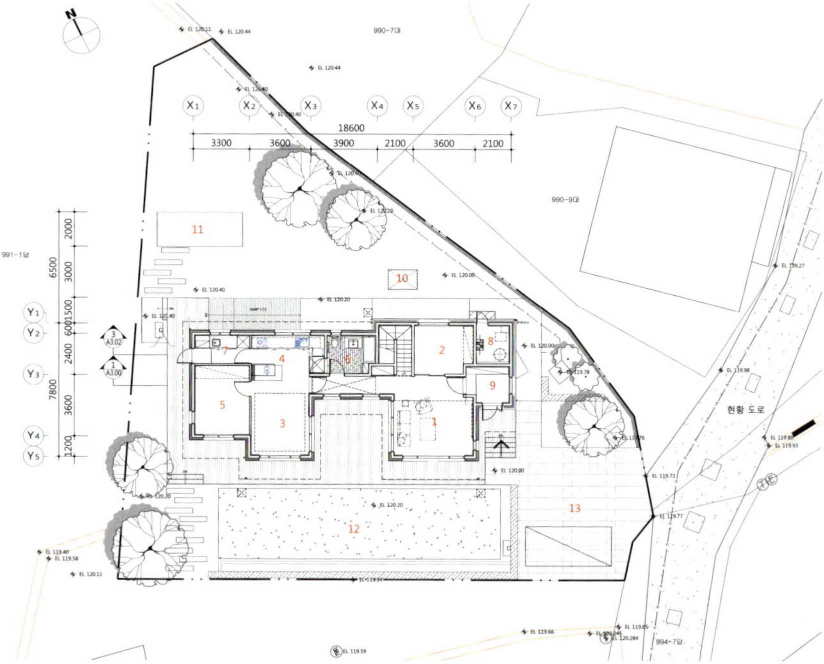

그림 11-1

배치도 및 1층 평면도

1. 거실 2. 방 1 3. 가족실 4. 주방 5. 안방 6. 목욕실 1 7. 다용도실 8. 창고 9. 현관 10. 정화조 11. 콘크리트 패드 12. 마사토 정원 13. 주차장

대지위치: 충청북도 충주시 산척면 송강리/ **지역지구**: 농림지역/농업진흥구역/ **용도**: 단독주택(농업인 주택)/ **대지면적**: 660.00m^2/ **건축면적**: 118.02m^2/ **연면적**: 147.41m^2/ **건폐율**: 17.88%/ **용적률**: 22.33%/ **규모**: 지상 2층, **구조**: 경골목구조/ **최고높이**: 7.14m/ **주차대수**: 1대/ **외부마감**: 목재루버, 스터코, 징크/ **건축설계**: (주)건축사사무소 아이디에스/ **건축시공**: (주)럼버홈코리아

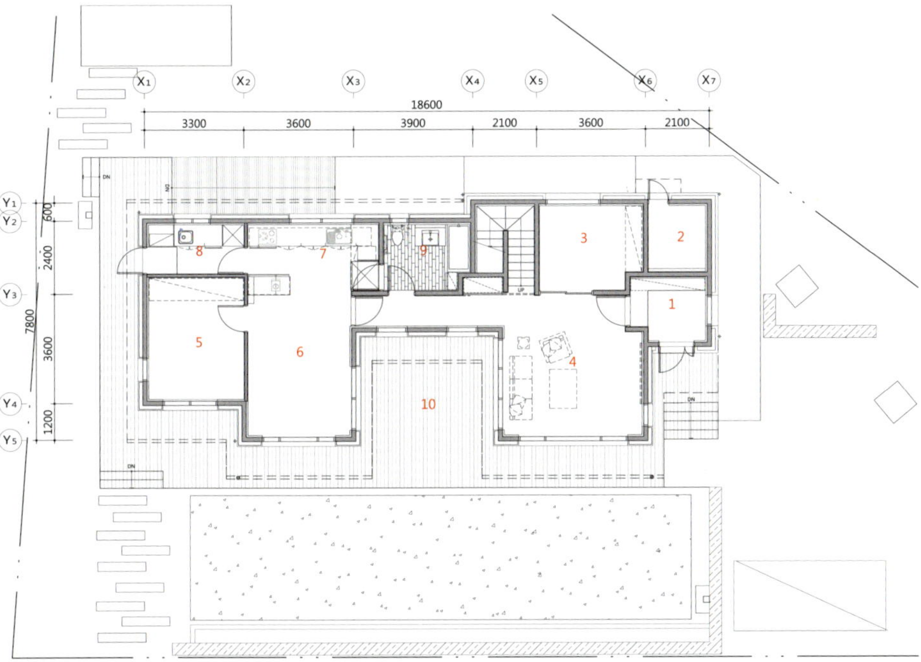

그림 11-2

1층 평면도

1. 현관 2. 창고 3. 방 1 4. 거실 5. 안방 6. 가족실 7. 주방 8. 다용도실 9. 목욕실 1 10. 외부 데크

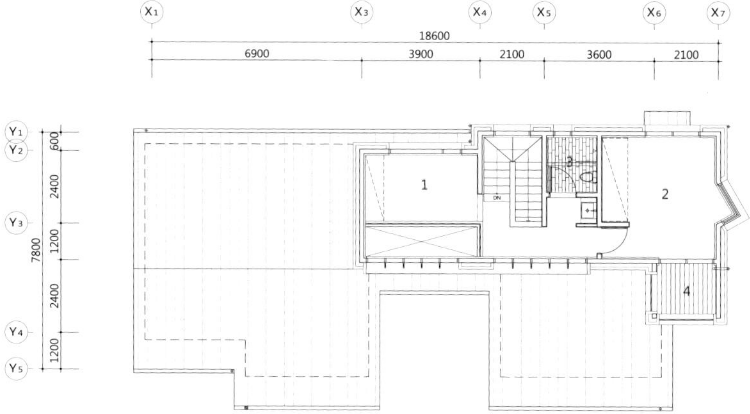

그림 11-3

2층 평면도

1. 다락 2. 방 2 3. 목욕실 2 4. 발코니

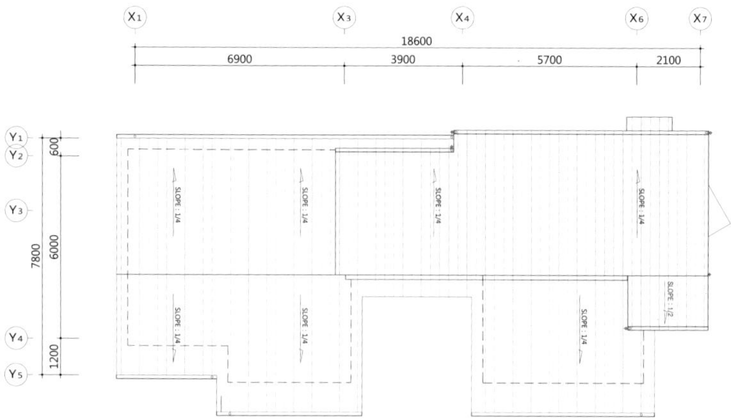

그림 11-4

지붕층 평면도

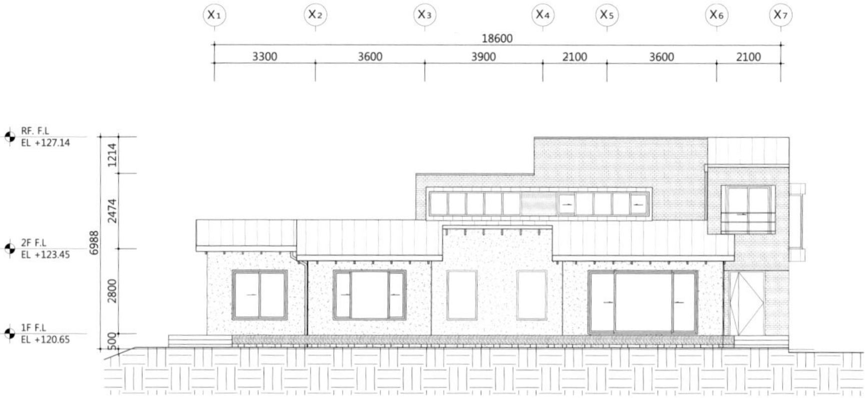

그림 11-5

정면도

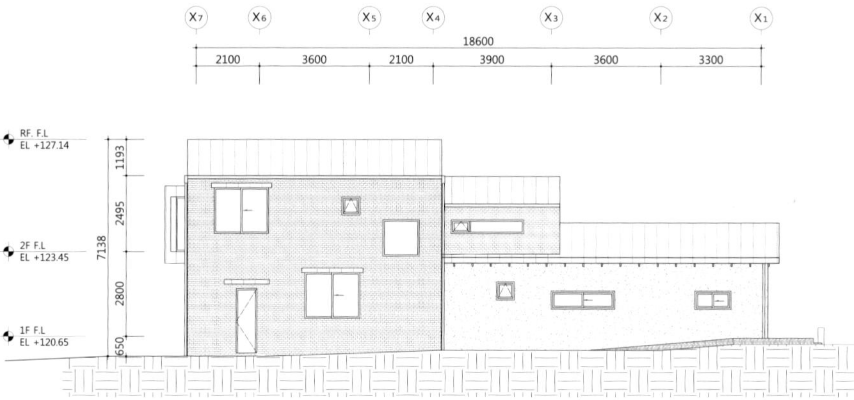

그림 11-6

배면도

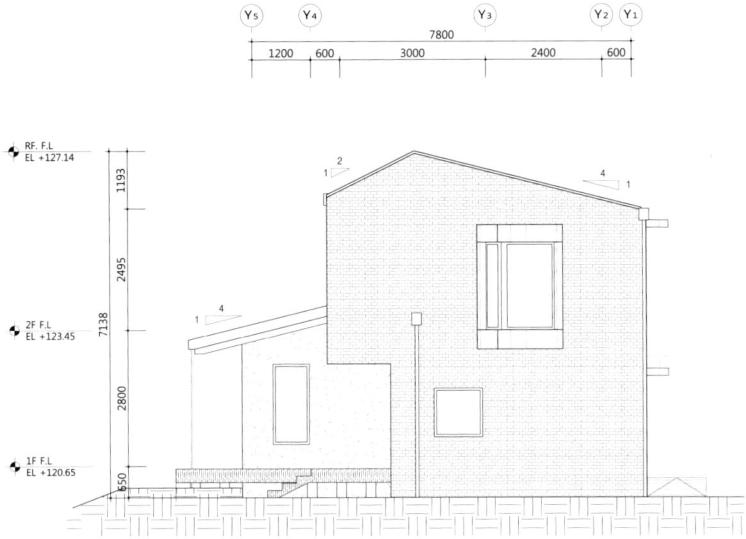

그림 11-7

우측면도

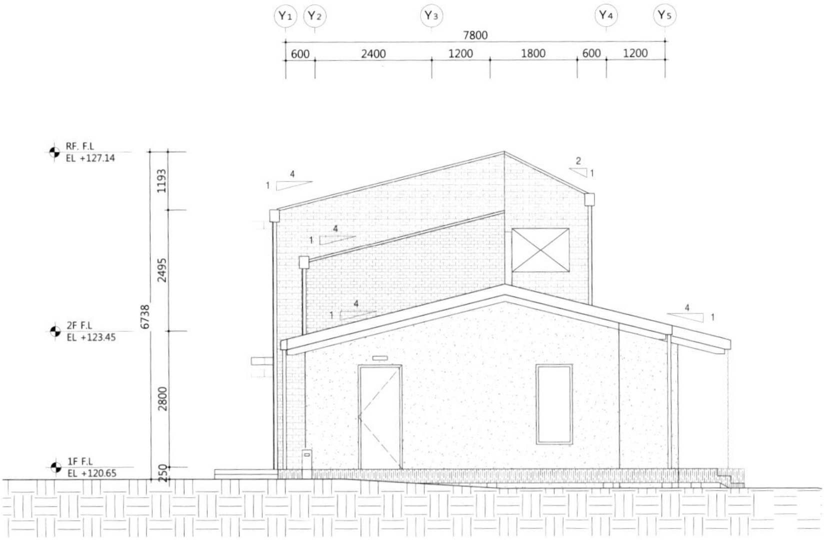

그림 11-8

좌측면도

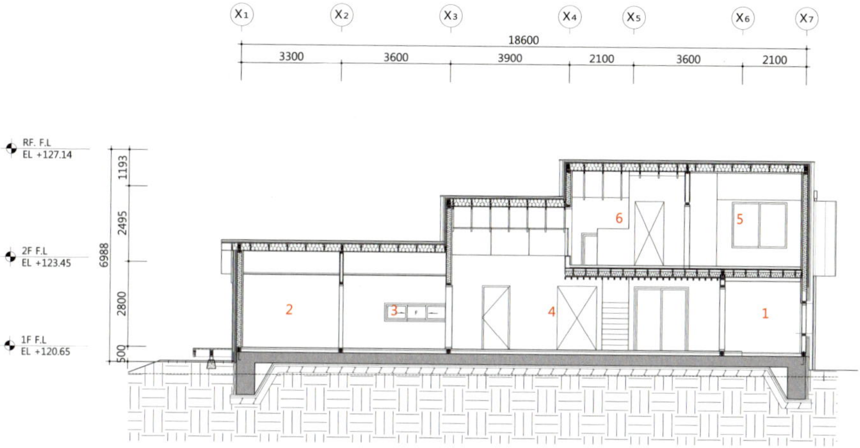

그림 11-9

단면도 1

1. 현관 2. 안방 3. 가족실 4. 1층 복도 5. 방 2 6. 2층 복도

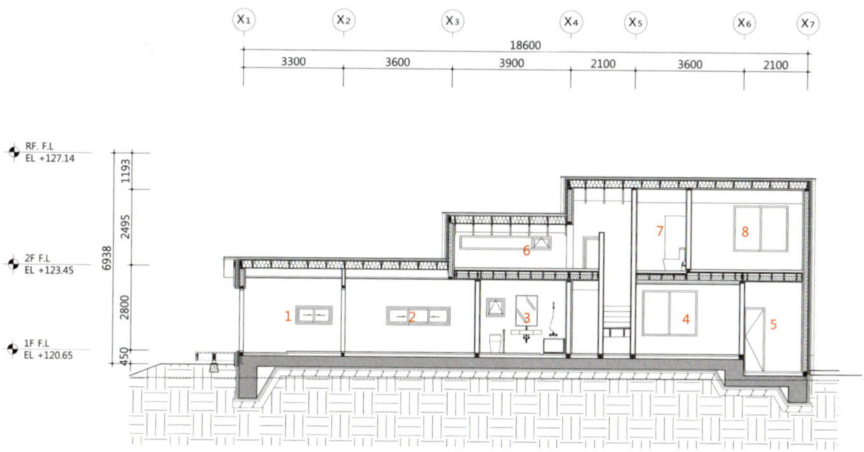

그림 11-10

단면도 2

1. 다용도실 2. 주방 3. 목욕실 1 4. 방 1 5. 창고 6. 다락 7. 목욕실 2 8. 방 2

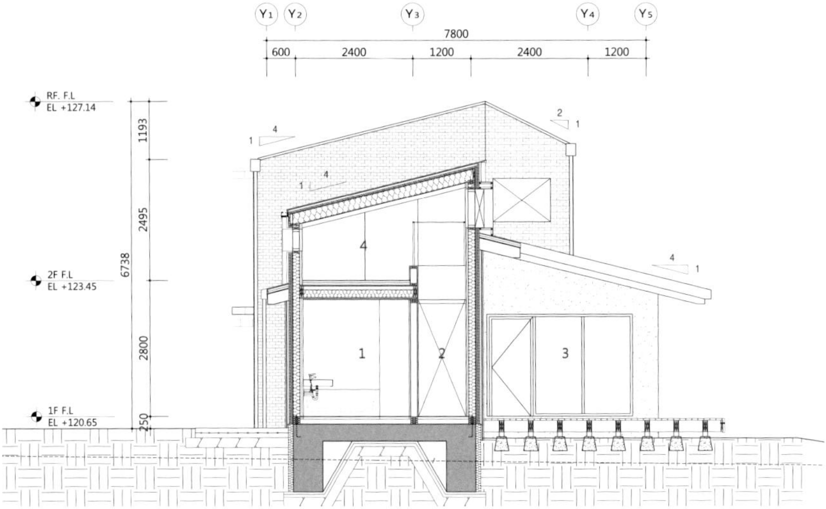

그림 11-11

단면도 3

1. 목욕실 1 2. 1층 복도 3. 외부 데크 4. 다락

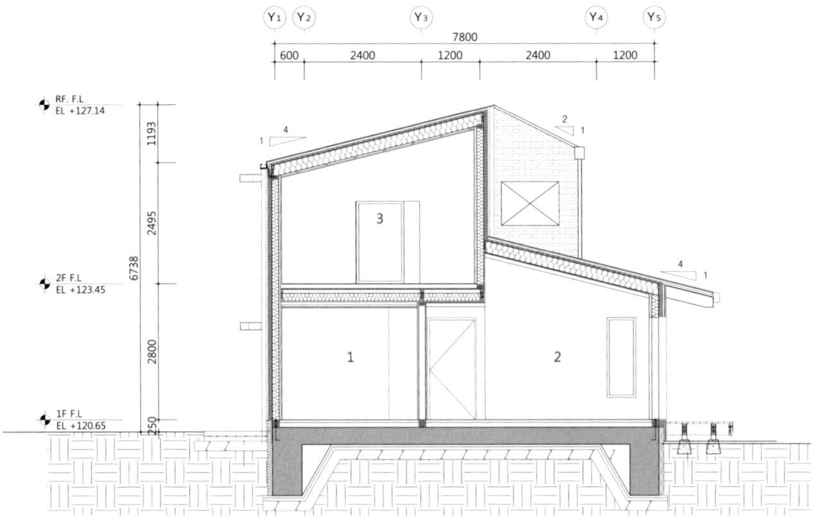

그림 11-12

단면도 4

1. 방 1 2. 거실 3. 방 2

5장

주택의 공간구성

1. 주택의 3대 요소: 마당, 마루, 처마

주택은 지역과 문화에 따라 각기 다른 모습을 지닌다. 생활방식에 따라 집의 형태도 달라진다. 이 때문일까? 아파트가 넘쳐나는 현대 도시 속 삶에서도 사람들은 여전히 한옥에 대한 향수를 찾는 듯하다. 한옥은 분명 우리가 가지고 있는 집의 원형이다. 그렇다고 이미 아파트와 다세대 · 다가구 주택이 점령한 현대의 도시에 한옥만 고집할 수는 없는 일이다. 그러나 지붕과 같은 양식문제보다 공간에 집중한다면 목조건축을 통해 전통공간의 현대적 적용과 발전이 가능하다. 그 공간은 바로 마당과 마루, 그리고 처마라 할 수 있다.

어릴 적 살았던 도심형 한옥은 지금까지 살아온 그 어떤 집보다 많은 추억을 간직하게 해준 집이다. 설계 작업을 할 때마다 직 · 간접적으로 영향을 준 듯하다. 마당을 설계할 때면 그 집의 중정을 생각하게 되고, 거실을 계획할 때면 햇볕이 잘 들던 그 마루, 그리고 빗물이 떨어지는 처마 밑에서 빗물을 맞추며 놀던 그 공간을 떠올리게 된다. 전통주택에 있던 마당은 정원으로, 마루는 거실로, 처마는 차양 또는 캐노피로 대체되었지만 조금만 더 세심하게 설계한다면 우리의 현대 주택에서도 충분히 전통 공간요소를 만들 수 있다. 대부분의 사람은 마당은 가능한 최대로 넓어야 한다고 생각한다. 그러나 잔디밭을 넓게 만든다고 절대 마당이 만들어지지 않는다. 오히려 공간을 제한적으로 사용할수록 공간이 만들어지며, 둘러싸인 공간을 통해서 안정감을 느낄 수 있다. 제한적이지만 열린 공간이고, 안식처가 될 수 있다.

이런 생각은 사실 건축주의 동의를 얻기 쉽지 않다. 주택은 커야 한다는 잘못된 생각처럼 마당은 트여 있어야 한다는 생각 때문이다. 산척면 주택도 예외는 아니었다. 전면에 접한 밭 때문에 사실 공간을 한정할 수 없었고, 어디가 경계인지 구별하기 어려웠다. 앞이 트여 있었지만 안정감을 줄 만한 마당이 없었던 것이다. 이런 이유로 적절한 건축적 장치, 예를 들면 담과 같은 요소를 통해 공간을 한정할 필요가 있었다. 그러나 전면 밭으로 공간이 흐르는 것을 막도록 제안된 디자인은 끝까지 설득하지 못하고, 최종적으로는 녹색 철망과 생울타리로 경계를 구분하는 것으로 정리되고 말았다. 아쉬움이 많이 남는 부분이었다.

아파트 생활 중심에 있는 거실은 전통주택의 마루를 대체한 공간이지만 마당과 연결되지 않는다면 마루라 할 수 없다. 우리의 마루는 외부와 내부 공간을 연결하는 통로이기 때문에 내부 공간의 확장 장치가 필요하다. 따라서 거실은 마당과 마루를 통합할 수 있도록 계획되어야 한다. 이런 생각을 바탕에 두고 부모를 위한 거실과 가족실 사이에 위치한 데크 공간은 대청마루로서의 역할을 수행하도록 계획되었다. 다행히도 원 설계의 의도대로 노부부와 가족들이 이 주택에서 좋아하는 부분이 되었고 또 잘 사용해 준다고 하니 설계자로서 감사할 따름이다.

처마는 주택에 있어 매우 유용한 장치이지만 간과하기 쉬운 부분이다. 한옥의 처마는 지붕의 크기에 따라 다르지만 대체로 그 길이는 약 1.2m 정도이다. 건축법상 1m 이상은 면적에 산입해야 하므로 실내면적을 최대화하기 위해 설치하지 않거나 설치하더라도 최소한으로 하는 경우가 많다. 그러나

그림 12
거실에서 데크 방향으로 본 모습

그림 13
거실과 가족실 사이의 데크 공간

우리나라의 태양고도를 생각하면 60cm 처마로는 그 기능을 다 할 수 없다.

여름철에는 햇볕을 막아주고 겨울철에는 따뜻한 햇볕을 실내공간으로 들어오도록 한다. 그러나 무엇보다 처마는 비가 오는 날 실용적인 기능을 발휘한다. 창문을 열어 시원한 바람과 함께 빗소리를 들으면서도 실내로 비가 튀어 들어오지 못하게 막아준다. 처마 밑에서 비 오는 모습을 보는 것은 아파트에서는 절대 누릴 수 없는 심미적 공간이다.

그림 14

목조주택의 특징을 강조하기 위해 외벽에 탄화목재를 사용하여 내구성을 높이도록 설계하였다.

5

2. 입면을 변화시킨 중목 기둥의 해체

건축을 하면서 형태나 양식을 추구하는 일보다는 공간성을 만드는 것이야말로 가치 있는 일이고, 의미 있는 작업이라 여겨왔다. 전통 요소를 적용한다고 해서 전통양식과 처마곡선을 재현하는 것은 극히 삼가해 왔다. 그보다는 공간의 내적 질서를 만들어주는 단위 또는 모듈을 만드는 것이 더 중요하고 소중한 일임에 틀림없다. 한옥의 한 칸 개념은 이런 공간을 구축하는 모듈 개념이다. 현대적인 치수로 전환하면 시대마다 다르지만 1.8~3.0m까지 다양하다. 유학시절 1.5m 그리드 시스템을 사용한 미스 반 데어 로에 Mies van der Rohe[14] 의 설계방법을 훈

그림 15
공사 마무리 전에 서쪽 마당에서 바라본 모습

그림 16
계획 초기 보여준 입면 이미지. 중목구조에 지지되는 기둥은 간결한 지붕의 형태를 만들고 있다.

그림 17
중목구조가 없어지면서 입면이 복잡해지고 모듈 개념이 입면에 드러나지 않게 되었다.

련한 덕에 주변에서 '그리드 맨' 이라 할 만큼 모듈을 활용한 설계 방법을 좋아한다. 특히 2.4m 모듈을 기본으로 하는 공간 단위는 우리의 척도에 적합하다고 생각해 왔고, 다양한 주택작업의 근간이 되기도 했다. 모듈을 통한 질서는 평면은 물론 입면 디자인까지 반영되는데, 심지어는 창문의 크기와 마감재에도 영향을 미친다.

목재로 건축함에 있어 이유를 막론하고 지역에서 자란 나무를 이용하여 건축하는 일 만큼 명쾌한 것도 없지만 우리 현실은 이런 단순한 생각조차 실천하기가 어렵다. 경제적인 이유에서, 또한 재료의 원활한 공급과 소비 측면에서 결코 쉽지 않다. 중목구조는 경골목구조 주택에 비해 비싸기 때문에 그만큼 공급과 소비가 원활하지 못하다보니 기술개발도 아직은 부족한 편이다. 특히 기밀성을 최우선으로 하는 패시브주택을 위해서는 세심한 설계가 필요하다. 기둥과 보를 노출해야 하기 때문에 벽체와 일치할 경우 벽체 구성이 복잡해지고, 벽체로부터 분리할 경우 공간의 손실이 생긴다.

산척면 주택은 주요 외벽은 경골목구조로, 깊은 처마는 2.4m 간격의 중목구조로 초기 디자인되었다. 대청마루까지 연결된 지붕으로 아주 간결한 형태였다. 이 그리드 시스템은 아파트처럼 큰 발코니 창호에 익숙한 우리에게는 다소 불

그림 18
거실, 데크, 가족실을 하나로 만드는 공사 과정

그림 19
거실 내부공사

편함이 있을지도 모르나 모듈에 맞춰 거실 창문을 나누면서 공간적 안정감을 줄 수 있도록 설계되었다. 그러나 거실로 들어오는 햇볕 양을 중요하게 생각한 건축주는 끝내 제안을 거부하였다. 그 결과 입면이 해체되었고, 지붕이 분절되면서 자연스럽게 리듬감을 준 중목 기둥 또한 모두 제거되고 말았다. 산척면 작업에서 정말 아쉬움이 남는 부분이었다.

3. 하나의 공간, 가족실과 거실

패시브주택에서 큰 창문과 복층으로 디자인하는 것은 에너지 소비 측면에서 불리하기 때문에 삼가야 할 첫 번째 원칙이지만 대부분의 건축가들은 디자인하고 싶은 충동을 억제하기 힘들다. 외부와의 소통을 자유롭게 해주는 넓은 창문이 필요하며, 공간적 변화를 느낄 수 있는 복층구조와 높은 천장을 설계하려는 유혹에 빠지기 쉽다. 산척면 주택도 마찬가지였다. 공사비 수준을 고려할 때 과도한 디자인을 피할 수 있게 거실은 넓이와 부피에서 에너지를 최적화할 수 있도록 기능에 바탕을 두었다. 대신 가족을 위한 가족실은 경사지붕을 노출하여 보다 높은 실내공간을 만들어 기능뿐만 아니라 공간적 멋을 더할 수 있도록 디자인되었다. 거실과 가족실은 공간적으로는 동등하게 1:1 배치되었고, 경우에 따라 공간이 확장될 경우 데크공간까지 포함하여 하나의 큰 공간이 될 수 있도록 하였다. 물론 모든 것이 계획대로 된 것은 아니다. 계획 초기에는 중첩적 공간을 염두에 두었으나 대청마루에 지붕이 사라지고, 창문이 데크 방향으로 커지면서 개방감은 얻었으나 공간적 밀도감은 사라지고 말았다.

4. 나무의 노출, 다락방과 편백나무 방

앞서 언급했듯이 산척면 주택은 기능적이고 에너지 성능을 발휘해야 하는 만큼 불필요한 공간적 낭비에 대해선 엄격하게 통제했으나 적어도 한 부분만큼은 공간의 성격을 부여하고 싶었는데, 그곳은 바로 1층 복도 통로와 다락이 수직으로 연결된 공간이다. 설계안을 제안했을 당시 건축주는 에너지 낭비를 막고 다락 공간을 넓히고 싶어 했었던 적이 있다. 그러나 공사를 진행하면서 공간의 모습이 드러나자 계획대로 완성되었다. 하마터면 사라질 뻔한 공간이었다.

이 공간만큼은 개인적으로 공간적 변화를 주고 싶었던 부분이었다. 최소의 집인 부모공간과 가족이 모여야만 작동되는 거실 사이를 연결하는 이곳에 각각 차단문을 설치하면 에너지 낭비는 그리 심하지 않을 것으로 판단했다. 오히려 가족이 모이는 날이면 아래층과 다락이 소통되는 개성 있는 공간이 되고, 높은 지붕 하부 천장을 통해 다양한 공간적 경험을 할 수 있을 것으로 생각했었다.

예상대로 가족, 특히 어린 아이들이 가장 좋아하는 공간이 되었다. 이런 공간적 변화는 편백나무로 마감한 2층 방에서도 비슷했다. 지붕경사면을 따라 마감된 방의 구조, 그리고 조망과 햇볕을 고려한 비정형의 유리창 형태, 무엇보다 편백나무에서 나오는 독특한 향기와 안정감은 건축주인 교수 부부뿐 아니라 가족 모두가 선호하는 공간이 되었다.

그림 20

2층 복도, 1층과 다락이 연결된 공간이 일부 보인다.

그림 21

2층 편백나무 방

5. 기능적 공간, 창고와 다용도실

지열 보일러를 설치한 창고는 농사 허드렛일에 필요한 농기구를 넣어 두는 공간으로 계획되었지만, 공사과정을 거치면서 자동제어 설비를 갖춘 공간으로 변신해 가장 복잡하고 중요한 핵심공간이 되었다. 특히 미래주택을 위한 건축주의 실험공간이지만, 예상치 못한 많은 장비를 추후에 설치하면서 공간이 매우 비좁게 되었다. 공간 크기에 비해 부하가 큰 공간이 되었지만 미래주택의 자동제어 시스템을 구축하여 아날로그에서 디지털 공간을 구현한다는 미래지향적 공간이 되었다.

다용도실은 일반적으로 주방을 보조하기 위한 공간이지만 이 주택에서의 다용도실은 오히려 노부부가 주로 출입하는 공간이다. 흙 묻은 신발을 털고 겉옷을 벗어 놓는 공간이기도 하며, 열교환기를 통해 신선한 공기를 집안으로 유입시킬 때 실내공기 온도를 유지하는 중요한 장치가 있는 공간이기도 하다. 이 장치를 통해서 패시브주택을 유지하기 위한 기본 온도를 지킬 수 있다.

그림 22
부출입구가 있는 다용도실

그림 23
지열 보일러와 자동제어 장비가 배치되면서 공간이 협소해진 창고

6. 배리어프리 디자인 Barrier Free Design 적용

1) 반드시 필요한 배리어프리 디자인

연로한 부모님이므로 보행에 어려움을 겪는다. 우선 부모님이 거주하는 안방을 1층에 배치해 출입할 때 계단 이용 횟수를 줄이도록 요구했다. 1층 실내의 문턱을 없애 나중에 휠체어 사용에 지장이 없게 설계해 달라고 했다. 시공 시에 논의되었던 데크와 거실 사이의 열리는 창틀도 휠체어 이용이 가능하게 창문턱을 낮추어 보려고 했으나 어려운 일이었다. 데크는 외부에 설치되어 빗물이 턱을 넘어 실내로 들어올 우려가 있어 창문틀의 설치 디테일을 배려해도 턱을 없애기란 불가능했다. 화장실의 변기와 세면대 주변에는 장애인용 손잡이를 설치했다. 계단과 복도 등에는 핸드 레일을 설치할 수 있게 신경썼다. 조만간 찾아올 보행 장애에 대비한 계획이었다.

2) 경사로 어떻게 하지?

문턱을 없애달라는 건축주의 요구는 사용자의 연령을 생각하면 당연하지만, 주택작업에서 '무장애 설계 Barrier free design'[15]를 적용하는 것은 흔치 않은 일이다. 대체로 건축주들은 경제활동이 활발한, 요컨대 어느 정도의 경제력을 갖춘 연령대에 속하기에 앞으로 자신에게 닥칠 환경까지는 고려하지 않은 상태에서 집짓기에 착수한다. 따라서 그들과 의논하는 내용은 공사비나 주택 스타일이 대부분이다. 단순히 문턱을 없애기만 할 것인지, 아니면 '유니버설 디자인 universal design'[16] 까지로 확대할 것인지, 새로운 고민에 빠졌다.

건축 분야에서 흔히 사용되는 '무장애 설계'란 고령자나 장애인들도 일반인들과 똑같이 편리하게 공간을 사용할 수 있도록 만드는 것으로 문턱을 없애는 것이 가장 대표적인 사항이다. 연령이나 장애 유무와 관계없이 사용자의 편의 또는 체험이란 관점에서 보면 결국 건축환경은 '유니버설 디자인'까지 도달하게 된다. 화장실에 손잡이를 편리하고 안전하게 디자인하는 것에서부터 복도의 안전대 설치, 계단의 높이와 안전을 고려한 바닥 조명 설치, 현관 입구의 경사로 및 신발을 의자에 앉아서 신고 벗을 수 있는 공간 마련 등 건축설계 분야로 한정하더라도 그 범위는 상당히 넓다.

산척면 주택에는 문턱이 없다. 현관과 목욕실에조차 높이 차이가 없다. 재료 분리대 정도만 있을 뿐이다. 문턱이 없어진 만큼 휠체어가 자유롭게 다닐 수 있고, 손잡이 설치 등으로 사용도 편리하며, 디자인도 깔끔하게 정리된 장점이 있었지만 여기서 건식 화장실에 대한 이해가 필요하다. 우리 주거 욕실문화의 특징 중 하나는 슬리퍼를 신는 것이다. 욕실 바닥은 물 청소가 가능하고 젖은 상태의 구조와 생활 습관 때문에 바닥 높이차를 없앤 서양식 구조에 따른 생활의 불편함이 생길 수밖에 없었다. 물론 배수구 방향으로 물이 흐를 수 있도록 경사를 만들었지만, 높이차를 둔 기존 욕실처럼 자유롭게 물청소를 할 수도 없고, 욕조를 사용하려면 주의가 필요하지만 고령의 노부부가 하루아침에 생활 습관을 바꾸기는 쉽지 않은 일이다.

산척면 주택은 원래 단층에서 출발했다. 혹시라도 있을지 모르는 계단의 낙상사고를 미연에 방지하기 위한 조치였는데, 설계작업을 진행하면서 다락방에 대한 요구와 함께 추가적인 방과 목욕실까지 필요해지면서 부분적으로 2층 구조를 가지게 되었다. 때문에 계단의 폭과 높이는 가급적 노령의 부모님이 사용할 수 없도록 일반적인 계단보다 다소 좁고 높게 설계되었고, 그 위치 또한 건축주 부모님의 공간보다는 자녀 가족이 사용하는 거실 공간에서 연결되도록 배치하였다. 그런데 실제와 달리 노부부는 2층 목욕실 계단을 자주 사용한다고 하는데, 1층 목욕실에 없는 샤워부스가 2층에 있기 때문이다. 1층 목욕실에서 공간을 효율적으로 만들기 위해 샤워부스 대신 높이가 낮은 장애인용 욕조를 설치하였지만, 샤워할 때마다 욕조 턱을 넘나드는 것이 더 위험하고 힘들다는 사용자의 의견은 참으로 날카롭고, 기능과 효율을 앞세워 사용자의 편리를 고려하지 못했다는 생각이 들었다.

결국 계단에 노부부를 위한 손잡이 설치와 공사과정에서 누락된 계단 바닥조명을 입주 후 다시 논의하게 되었다.

시공 과정에서 나타난 또 다른 문제는 거실과 대청마루라고 부르는 데크 공간과 문턱이었다. 최초 계획은 대청마루는 외부공간이지만 지붕을 덮을 수 있도록 설계되었다. 그러나 지붕이 덮일 경우 법적으로 면적이 증가하기 때문에 지붕을 설치할 수 없었고 그렇다고 외부의 빗물처리를 무시하고 바닥면을 똑같은 높이로 만들 수는 없었다. 때문에 대청마루 공간은 콘크리트구조 대신 나무 데크를 이용하여 빗물이 아래로 빠질 수 있도록 하고 최대한 마루(거실과 가족실에 해당됨)와 대청 공간을 하나로 만들도록 디자인하였다. 이런 노력에도 불구하고 건설사와 창호업체 간의 사전조율 실패로 결국 문턱이 생겼고, 대청마루 공간을 통해 부모님을 위한 가족실과 대가족을 위한 거실을 하나로 연결하려 했던 디자인 컨셉은 실현되지 못했다.

산척면 주택에서 '배리어 프리' 적용에 가장 어려웠던 부분은 외부 출입을 위한 경사로 위치를 정하는 것이었다. 이 주택에는 두 개의 출입구가 있는데, 주출입구는 모든 가족을 위한 곳으로 최적의 집이 되는 상황을 고려하여 계획된 출입구이다. 주차장에 인접한 주출입구는 지면보다 1미터 정도 높게 만들어졌는데, 주택의 첫인상을 만드는 공간이다. 또 다른 것은 최소의 집을 위한 출입구로 주로 평상시 부모님이 사용할 목적으로 만든 공간에 배치되었다. 노부부가 텃밭을 일구는 점을 고려하여 집안에 들어가기 전 손발을 씻을 수 있는 수도시설을 설치하고 다용도실을 거쳐 집안으로 들어가는 통로이다. 경사로를 주출입구에 설치하는 것은 주차장이 가깝다는 장점이 있지만 공간이 협소해지고 얼굴에 해당하는 입구에 거대한 콘크리트구조물은 부담스러웠다. 그렇다고 텃밭과 같이 자연환경을 가진 부출입구에 경사로를 설치하는 것도 적합지 않았다. 더욱이 현재 낮은 계단을 이용하는데 문제가 없음에도 거대한 경사로를 설치하는 것은 오히려 불편하다는 생각이 들었다. 결국 해답은 중간지점에서 찾을 수 있었다. 뒷마당에 건물을 따라 길게 배치함으로써 비교적 큰 구조물을 감추면서도 주차장과 텃밭의 중간지점에 배치하여 추후 휠체어 이용 시 활용성을 높일 수 있도록 계획되었다.

7. 마감재 선정

1) 마감재료 선정의 중요성

설계에서 배치와 평면계획 등 건축 요소가 정해진 다음에는 마감재 종류와 색깔을 정하게 된다. 주택의 사용자 입장에서는 마감재 종류와 색깔, 그리고 공사의 정밀성 등이 지속적으로 보이게 된다. 또한 시간이 지나면 내구성이나 관리 등에 영향을 끼치므로 매우 중요한 요소라는 것을 깨달았다.

2) 마감재 선정 과정

① 주요 실의 마감재 선정

마감재 선정 이전에 창호 색깔을 정하기 위해 건물 외부에서 본 경우와 내부에서 본 두 가지 경우를 두고 설계 사무소에서 다양한 창호 색상의 시뮬레이션 자료를 보내왔다. 이전부터 외벽과 창호, 그리고 실내는 배경에 해당하므로 흰색으로 통일하고 싶은 마음이 있었기에 흰색으로 결정하였다.

인테리어 마감재 등을 선정하기 위해 2016년 10월 15일 시공회사 인테리어 담당 이사 및 건축가와 만나 바닥재와 벽지, 타일, 목욕실의 수도꼭지 등을 결정하기로 하였다. 인테리어 담당 이사가 각종 재료 샘플을 가져왔다. 샘플이 큰 경우에는 목록과 사진 등으로 재료를 볼 수 있게 준비하였다. 주요 내부공간의 바닥 마감재는 내구성과 내수성이 있어 관리하기 편한 재료를 생각하고 있었다. 인테리어 전문가가 강마루를 추천해 전체 바닥재는 강마루로 정하였다. 다음은 색깔 선정이다. 벽지와 창호 등이 흰색이므로 바닥재 색깔은 대조적으로 어두운 색상 톤인 티크teak가 적합하다는 건축가의 조언을 받아들여 티크색으로 결정하였다. 외부 지붕 아래 노출된 서까래와 실내 거실 및 2층 침실의 경사 천장 등의 목재는 원목 색깔 그대로 보이도록 오일 스테인 색깔은 무광택으로 처리하기로 하였다.

② 타일 선정

마감재 선정은 논현동 타일 전문점의 전문가를 만나 모양과 크기, 색깔을 정하였다. 타일을 붙이는 장소에 따라 정한 타일 크기와 색깔은 다음과 같다.

- 현관 바닥 : 연회색
- 1층 욕실 : 벽은 큰 흰색, 바닥은 중간 크기 흰색(미끄럼 방지)
- 2층 욕실 : 벽은 큰 진회색, 바닥은 중간 크기 진회색(미끄럼 방지)
- 부엌 벽면 : 타일 중 포인트를 강조하려고 파스텔 색채 무늬 타일 선택
- 다용도실 : 벽은 큰 진회색, 바닥은 중간 크기 진회색(미끄럼 방지)

그림 24
목재 천장과 강마루 바닥으로 마감된 거실

8. 부엌 및 다용도실의 세부 디자인 과정

부엌은 건축설계시 작성된 평면도에 따라 부엌 설계 및 시공 전문가와 만나 상세한 부분을 정해 나가야 한다. 서울 논현동 H전시장을 방문하여 주방 디자이너와 3차례 상담을 가졌다. 평면도에서 부엌은 아일랜드형 island 으로 설계되어 있었다. 아일랜드가 중앙에 놓여 있었으나 냉장고를 벽쪽에 설치하면 아일랜드 주변 이동동선이 좁아져 안방 벽쪽에 붙어 있는 아일랜드형으로 변경하였다. 부엌 디자이너의 조언을 받으며 창쪽 작업대 상부는 위로 올리는 여닫이문으로 하고 하부는 일반 여닫이문으로 했으며 아일랜드 하부는 서랍장으로 하였다. 가열대는 3구 전기 쿡으로 결정하고 아일랜드에도 전기 쿡을 하나 설치하기로 하였다.

부엌은 건축주의 처음 요구사항대로 집 크기에 비해 넓고 작업대 길이가 길어서 명절이나 대식구가 모이는 날에는 4~5명이 엉덩이 부딪치지 않고 일할 수 있게 되었다.

부엌은 면적이 넓어 작업대 배열에 문제가 없었던 반면, 부엌에서 여닫이문으로 연결되는 다용도실에는 세탁기와 김치냉장고를 놓아야 하고 보조 주방으로 개수대와 가열대를 넣어야 하니 면적이 좁아졌다. 또한 다용도실은 밭으로 이동하는 부출입문도 있어야 하므로 통로까지 확보되어야 했다. 부엌 디자이너와 처음 면담할 때 가스불 안전사고가 염려되어 다용도실에 가스레인지를 넣지 않으려고 하다가 나중에 추가하려면 번거로울 것 같아 가스레인지를 넣기로 하였다. 명절 때 시부모님

그림 25

벽쪽으로 붙어 있는 아일랜드가 있는 부엌

그림 26

4명이 엉덩이 부딪치지 않고 작업할 수 있는 부엌

그림 27

다용도실의 김치냉장고 전면이 돌출되어 부엌과 다용도실 사이 여닫이문은 열고 지냄

댁에 5남매의 대가족이 모여 음식을 준비하려면 냄새가 많이 나는 음식이나 오랜 시간이 소요되는 곰국 등을 조리하려면 가스레인지가 큰 몫을 하리라.

신경을 쏟아야 할 일이 한 가지 늘었다. 다용도실에 캐비닛 형태의 큰 김치냉장고를 새로 구입하기로 했는데, 설치할 장소의 벽과 출입문 사이 깊이가 73cm라서 깊이가 72cm인 제품을 인터넷에서 검색하고 매장을 방문했다. 2017년형 신형 냉장고는 전면이 곡선으로 처리되어 크기가 81×187×73.8cm이다. 인터넷에서 검색한 깊이 72cm 제품은 1년 전 것이고, 신형은 전면 곡선처리로 1.8cm 증가하였지만 제품의 기능과 용량이 적합하여 그것으로 구입하였다.

김치냉장고를 설치한 다음 가보니 김치냉장고는 벽에서 5cm 정도 떨어뜨려 설치해야 한다고 한다. 부엌에서 다용도실로 나가는 여닫이 문을 열면 김치냉장고 전면에 부딪쳐서 아쉽게도 그 문은 열고 지내게 되었다.

6장

저에너지 하우스 적용

초기 투자비용이 조금 더 발생하더라도 달마다 지출되는 부모님의 에너지 비용을 줄이고 정부의 지원을 받는 신재생 에너지(지열, 태양광)를 도입하기로 했다. 지열 설치는 총 비용의 50%를 정부에서 지원해준다. 냉난방을 하려면 여름철에는 지하수를 차갑게 하고 겨울철에는 지하수를 뜨겁게 만들어 방으로 보낸다. 이때 물의 온도를 내리거나 올리는 장치를 히트펌프라고 한다.

전기료가 저렴한 우리나라에서 흔히 사용하는 히트펌프로 전기히트펌프 EHP, Electric Heat Pump 가 있다. 전기히트펌프는 외부 공기를 데우거나 차갑게 해서 난방이나 냉방을 한다. 여름철에는 30도 이상의 더운 외부 공기를 냉각시켜 냉방한다. 우리가 사용하는 지열 히트펌프는 항상 18도를 유지하고 있는 깊은 지하에 물을 보내고 그 물을 다시 받아 냉난방에 사용한다. 여름철이나 겨울철 히트펌프가 내리거나 올릴 온도 차이가 크지 않다. 겨울철에 영하의 공기를 데워 따뜻한 공기로 바꾸는 게 전기히터펌프의 경우 일반적이지만 지열 히트펌프는 18도의 물을 가열하므로 가열에너지가 적게 든다.

초기 지열 설비의 투자비도 주택 운영에 사용되는 에너지 비용과 함께 총 비용에 포함시켜 이득을 따져보아야 한다. 이 계산에는 애매한 부분이 많다. 초기 설비비용을 에너지 절약비용으로 나누어 비교할 총 기간에 따라 다르기 때문이다. 새 집을 장기간 사용할 계획이라면 초기 투자비용이 조금 더 들어가더라도 해마다 지불하는 에너지 비용을 절약하는 쪽이 유리하다. 주위사람들은 투입 대비 성능이 좋은 '가성비' 를 권

유했지만, 우리는 투입 대비 만족도가 높은 '가심비'를 선택했다. 나의 결정에 만족한다.

1. 패시브 시스템의 벽체 설계

벽체는 패시브 시스템 기준으로 설계되었다. 30cm 두께로 철저한 단열 기준으로 설계한 벽체 외부에 방수시트 등을 붙이고 목재의 단열을 위해 다시 외단열 5cm를 덧붙였다.

공사기일이 많이 지체되었다. 추위가 찾아오기 전인 가을에 입주하기로 예정하고 있었으나 날짜는 차일피일 100일이나 흘러갔다. 설날 연휴 4일 전인 2017년 1월 23일이 되어서야 겨우 사용승인이 났다. 부랴부랴 명절 쇠는데 필요한 짐만 꾸려 이사한 후에 설날을 맞이했다. 아뿔싸! 보일러가 멈춘 것이 아닌가! 우리의 잘못이었다. 보일러를 다시 가동해보았으나 작동하지 않았다. 천만다행으로 낮에는 맑은 날씨가 이어져 햇볕이 제대로 들어왔다. 한낮의 방안 온도는 23.5도였다. 밤이 되자 모두들 긴장한 가운데 내복을 단단히 껴입고 잠자리에 들었다. 새벽에 깨어보니 방바닥이 싸늘하다. 걱정이 되었으나 실내온도는 차가운 겨울인데도 18.5도를 유지하고 있었다. 다행이었다. 아침이 되어 일어난 식구들 모두 춥지는 않았다고 말했다. 패시브 벽체와 창호 덕분이다. 다음날 낮부터 보일러가 재가동되어 따뜻한 명절을 보낼 수 있었다.

2. 패시브 시스템의 창호 사용

창호는 미닫이식의 열효율이 높은 제품을 선택했다. 벽체 못지않게 창호와 출입문의 기밀성과 열 차단은 중요하다. 처음 패널라이징 회사로부터 추천받은 창호는 여닫이 외국산 창호였다. 이 창호로 시공된 집을 살펴보았다. 부엌 싱크대 앞의 창을 안쪽으로 여닫는 것을 보고 적합하지 않다는 생각이 들었다. 우연한 기회에 내가 근무하는 학과 졸업생의 벤처기업에서 생산한 미닫이 창호를 알게 되었다. 움직일 때는 3mm 정도 띄워서 움직이고, 마지막으로 잠기기 직전에는 창문이 평행으로 움직여 밀착되게 제작한 레일의 아이디어가 돋보였다. 아직 납품 사례가 없었지만 '나비시스템창호'로 결정했다. 시행착오는 있었지만 만족감을 느낀다.

2년 후에 내가 살고 있는 서울의 아파트 외부 전체 창호도 이 시스템 창호로 바꾸었다. 어깨 시렸던 겨울밤의 잠자리가 편안해졌다. 유리는 태양의 열선투과를 막아 복사열을 차단해주는 3중 로이유리 Low-Emissivity Glass [일반유리 내부에 적외선 반사율이 높은 특수금속막(일반적으로 은을 사용)을 코팅시킨 것으로 가시광선을 투과시켜 실내의 채광성을 높여주고, 적외선은 반사하므로 실내·외의 열이동을 극소화시켜 실내의 온도변화를 적게 함]이다.

3. 지열 에너지 사용

대기의 온도에 따라 물을 데워 건물 전체나 방안을 따뜻하게 하는 게 난방이고, 더위를 막기 위해 건물 전체나 방안의 온도를 낮추는 게 냉방이다. 냉난방을 할 때 기온보다 높이거나 낮추는 온도 차이가 클수록 에너지 비용이 많이 든다.

지열은 사시사철 지하로부터 18도의 물을 공급받는다. 따라서 여름철에 낮추는 온도와 겨울철에 높이는 온도 차이가 외부 공기 온도와의 차이보다 적다. 지열의 최대 장점은 이것이다. 지열 히트펌프를 이용해 겨울에는 50도로 높여 난방을 가능하게 하고 온수를 공급하게 만든다. 여름이 오면 지열 히트펌프 온도를 12도로 낮추어 팬 코일 유닛 fan coil unit 을 통해 냉방을 제공한다. 비상시 대책으로 가스보일러를 설치하면 여름에도 샤워시설 등에 온수를 공급할 수 있을 것이다. 이 계획은 설비 설계팀에서 제안하고 설계했다. 또한, 정부와 지자체에서 지열 설비를 지원하는 제도는 설치에 도움을 주었다.

4. 태양광 에너지 미사용

우리 집의 경우 가스보일러를 제외하면 대부분의 냉난방 에너지는 전기이다. 따라서 전기 사용량이 많을 것이므로 태양광 도입을 고려했다. 태양광은 일조량이 풍부한 낮에만 발전하므로 낮에는 대체로 전기가 남는다. 남는 전기는 한국전력에 판매한다. 밤에는 발전이 되지 않으므로 한전의 전기를 사용한다. 국가 전체의 전력소비 행태를 보면 상대적으로 전기가 부족한 낮에는 한전에 전기를 보태주고 전기가 남아도는 밤에 주로 사용하는 구조여서 국가와 개인 모두에게 도움이 되는 일이다.

태양광 설비를 설치하려면 태양광 패널의 위치가 중요하다. 우리 집에 태양광을 도입하는 데 몇 가지 문제가 있었다. 첫째, 정부는 목조주택 지붕에 태양광 설비를 설치할 때 누수가 발생하는 하자가 많았다는 이유 때문에 목조주택의 태양광 지원사업을 일방적으로 중단했다. 이는 시공상 디테일의 문제이다. 상당히 무거운 태양광 패널을 지탱할 지지대 위치를 미리 배려해 두어야 한다고 강조한다. 더불어 패널로부터 집으로 들어오는 전선 또한 누수 문제까지 염두에 두어야 한다.

지열 히트펌프는 가정용 단상 220V와는 별도의 삼상 380V 전기용을 선택한 탓에 220V만을 만드는 태양광으로는 지열 히트펌프가 이용하는 전력공급이 어렵게 되었다. 지열 히트펌프를 단상전기로 했어야 했나? 이 문제를 놓고 고민이 이어졌다.

여름에 지열 히트펌프에 들어가는 전력사용량 비용이 가정용 전기요금보다 갑절이나 많은 상황이다. 그림 28의 그래프를 보자. 위 그래프는 전기요금에 대한 것이고 아래 그래프는 전력사용량에 대한 것이다. 그 경향은 같다. 같은 그래프의 2곡선 중 아래는 매달 비슷한 전기요금과 전력량을 보이는 일반 가정용 전기 사용에 대한 것이고, 2곡선 중 위는 히트펌프의 전기요금과 전력량에 대한 것이다. 여름과 겨울의 냉난방 시기에 전력 사용량이 많지만(아직은 냉방보다 난방 사용량이 많다) 평상시에도 지열 히트펌프용 전력사용량이 더 많다. 따라서 태양광 전력은 지열 히트펌프에 먼저 공급되어야 이득이 크다. 태양광을 삼상 380V로 바꾸어 지열 히트펌프에 사용하고, 낮시간대에도 여유 전력이 발생하면 한국전력과 전력을 주고받는 방안을 검토하는 중이다. 태양광 설비에도 정부와 지자체가 지원해주는 제도가 있다.

기술 측면을 거론하면 태양광판이 만드는 것은 직류인데 이것을 인버터가 교류로 바꾸어서 사용한다. 만약 삼상 380V를 사용하는 지열 히트펌프가 태양광판으로부터 전기를 공급받으려면 태양광판에 만든 직류를 삼상 380V 교류로 바꾸어주는 인버터가 필요하다. 인터넷에서 찾아보면 관련 사양의 제품이 있기는 하다. 그러나 이 조합을 사용했을 때 안정성은 누가 보장해 줄 수 있을까? 이것만이 문제는 아니다. 하루 중 태양광판이 전기를 만드는 것은 태양이 비추는 낮시간 동안이지만 정작 난방이 필요한 시간은 밤이다.

따라서 낮에 만든 전기는 남으므로 전국적으로 낮에 더 많은 전기가 필요한 전력회사로 보내야 하고 밤에는 전력회사의 전기를 끌어와 난방을 해야 한다. 문제는 여기에 있다. 삼상 380V를 전력회사에 보내고 받는 계량기가 필요하다. 한전이 이 사양의 계량기를 공급하고 있지는 않는 것 같다. 그래서 이런 문제점들이 있어 태양광 발전은 설치하지 않았다.

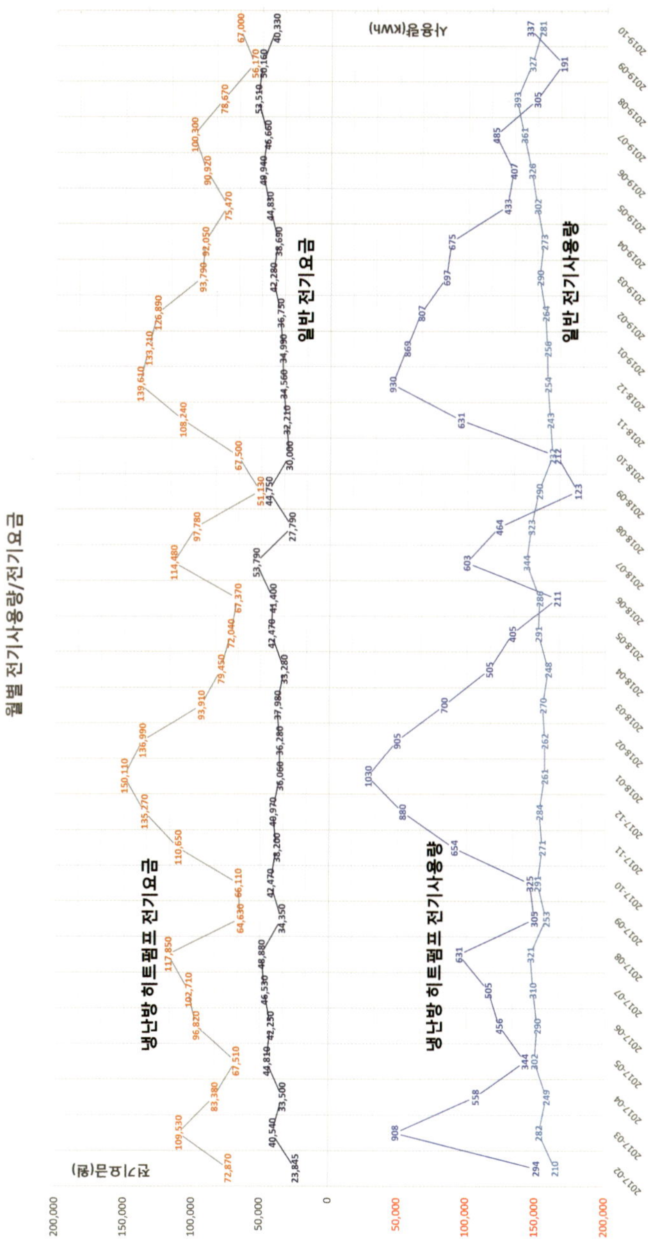

그림 28
월별 전기사용량 및 전기요금 비교

5. 열회수 환기 시스템 적용

주택의 기밀성이 좋으면 냉난방한 실내 공기가 빠져 나가지 않아 냉난방 효율이 올라간다. 그렇지만 환기를 제대로 해주지 않으면 CO_2 등의 유해 성분이 실내 공기에 섞여 건강을 해친다. 그러므로 탁한 공기를 맑은 공기로 바꾸어 주어야 한다. 열회수 환기 시스템은 공기를 바깥으로 내보낼 때 열기나 냉기를 회수해 에너지 효율을 높여준다.

7장

우리가 꿈꾼 미래주택 기술 적용

1. 설계에서 VR[17] 기술 활용

당연한 일이지만 건축가가 보내온 설계안은 건축주의 검토 대상이다. 건축학을 전공한 후에 대학에서 30여 년 동안 '건축'을 연구하고 강의해 온 필자도 도면을 읽으려면 힘이 든다. 도면 곳곳에 표시된 기호를 이해하는 능력이 부족하기 때문이 아니다. 3차원의 입체로 만들어질 집을 2차원의 평면에 표시한 도면을 마주하면 갖가지 정보를 종합하여 내 나름의 3차원 공간을 상상하기 시작한다. 그러나 도면만 보고 집이 완성되었을 때의 모습, 특히 내부공간을 떠올리기란 쉽지 않다. 뛰어난 건축가는 도면을 보자마자 머릿속에 건축물이 상세하게 떠오를 것이다. 설계한 건축가의 설명을 들으면 집에 대한 설계 의도와 주택공간에 대한 이해가 빨라진다. 건축가의 설명은 설계안을 설계자의 의도대로 받아들이는 절차에 불과하며, 건축주가 설계한 집을 판단하기 위한 정보로써는 모자란다.

이처럼 곤란한 상황에서 집이라는 공간을 이해하는 방법 중 하나가 가상현실VR 기술을 동원하는 것이다. 다행히도 설계사무소에서 설계 정보를 스케치업[18] 3차원 모델로 만들어 보내주었다. 이것을 VR로 바꾸어 건축주로서 검토해보았다. 설계도면으로는 쉽게 파악되지 않는 설계의 자세한 내용이 드러났다.

VR 기술을 활용하면 집을 짓기 전에 바깥에서 바라보거나 내부를 돌아다니며 볼 수 있다. 아직까지는 스케일감(공간의 크기에 대한 감각)에 대한 객관성이 문제된다. 실제

느끼는 공간의 크기와 VR을 통해 느끼는 크기의 감각 차이가 존재하지만 VR 기술을 통해 완공을 앞둔 집의 모습과 마주하는 일이 가능하다. VR 기술을 응용하면 내부를 돌아다니며 공간 사이의 연결과 이동 경로 및 편의시설 위치를 파악할 수 있다. 나는 설계안을 VR로 만들어 관찰한 후에 몇 가지 문제를 파악하고 수정하였다. 아래 그림은 초기 설계안으로 만든 VR로 2층 계단에 거의 올라선 모습이다.

그림 29
초기 설계안으로 만든 VR로 2층 계단을 거의 다 올라선 모습

이 뷰 View 의 바닥을 검토해보자. 계단이 끝나고 오른편 다락 입구를 지난 위치에서 10cm 가량 높아진 바닥이 보인다. 예상하지 못한 위치에서 바닥의 높이 차이가 발생했다. 안전 등에 문제가 있다고 판단하여 왼편 방과 화장실 바닥 전체의 높이와 오른편 방의 높이를 동일하게 맞추도록 결정하였다.

다음의 보기는 전면창이다.

그림 30
가운데 기둥 있는 전면창 외부1

그림 31
가운데 기둥 있는 전면창 외부2

가족실과 거실의 전면창이 가운데 기둥으로 나누어져 외관은 괜찮은 편이지만 실내에서 바깥을 내다보면 전면창 한가운데 벽체가 생겨 전망을 가린다. 거실과 가족실을 통창으로 바꾸기 전후의 이미지를 비교하면 다음과 같다.

그림 32
변경 전 가운데 기둥 있는 가족실 내부

그림 33
변경 전 가운데 기둥 있는 거실 내부

그림 34
변경 후 가족실 내부

그림 35
변경 후 거실 내부

더불어 시간 변화에 따른 햇빛과 조명의 변화 상황을 살필 수 있다. 위도와 계절 하루 중 시각에 따른 태양의 위치를 예측할 수 있고 그 때의 그림자를 살피는 작업이 가능하다. 아래는 그 사례이다. 각각의 이미지 상단 왼편에는 날짜와 시각이 표시되었다(시간은 로컬 태양시, 즉 태양이 남중하는 시각이 12시이다).

그림 36
햇빛이 거실에 비치는 모습

그림 37
외부 그림자 모습(동지 12시)

그림 38
외부 그림자 모습(동지 15시)

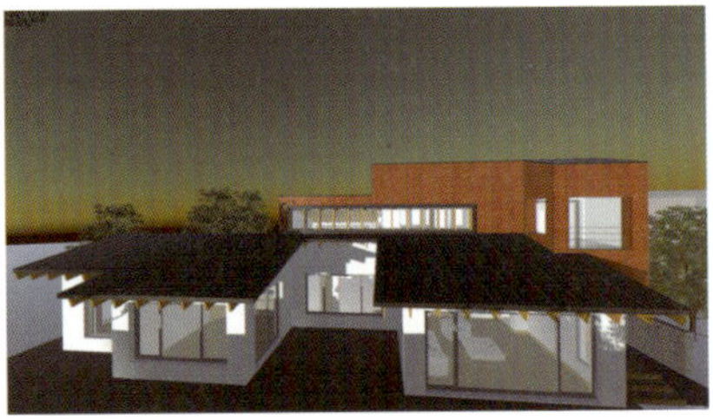

그림 39
외부 그림자 모습(동지 17시)

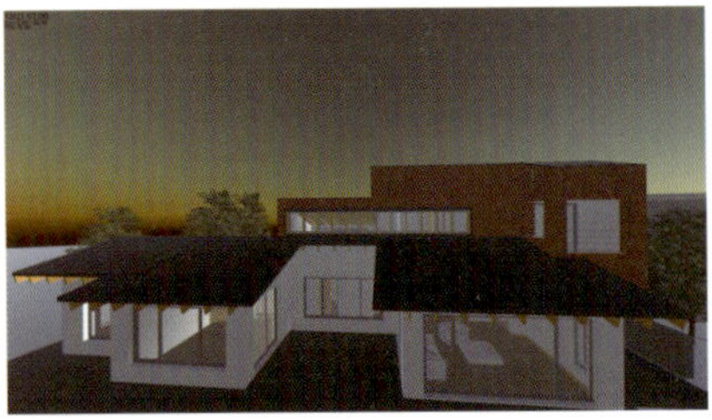

그림 40
외부 모습(동지 일출 직전)

그림 41
외부 모습(동지 일출 직후)

VR 모델에 시간에 맞춘 태양을 만들어 일조 시뮬레이션하기

앞의 경우 그림자는 날짜별, 시간별 태양의 위치에 맞추어 그림자를 시뮬레이션한 것이다. VR 모델을 스마트 폰이나 태블릿에서도 볼 수 있다. 스마트 폰이나 태블릿을 이용하면 PC와 달리 설계안 검토와 협의에 시간과 장소의 제약을 덜 받고 의견을 교환할 수 있어 편리하다. 그림 42는 화면 예이다.

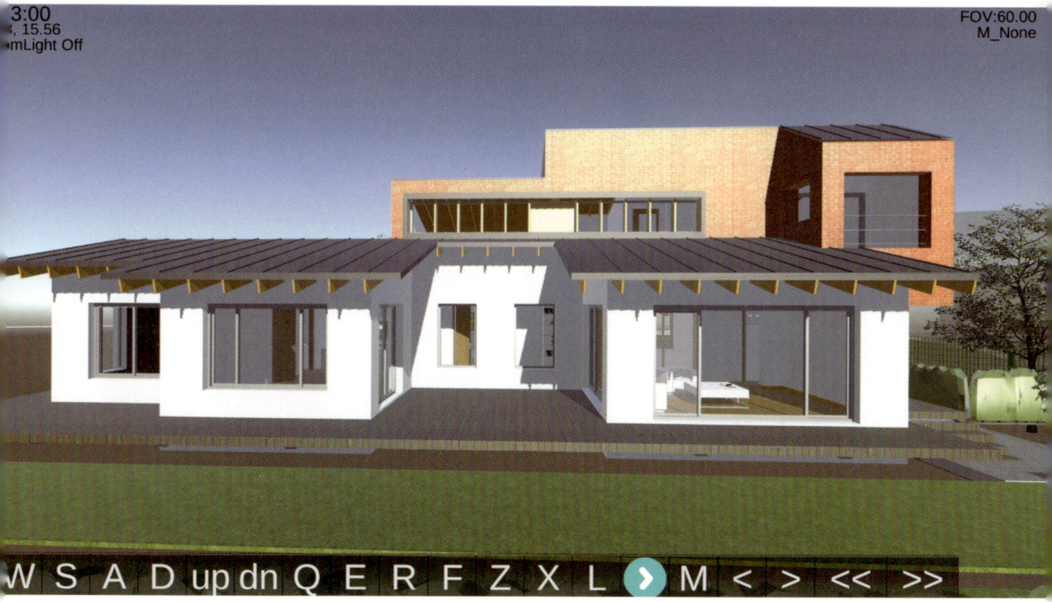

그림 42
안드로이드 폰에서 보는 VR 주택 모델

이 정도의 VR 작업을 실행하기에는 약간의 전문 지식이 필요하지만 건축에 관심을 지닌 학부과정 학생 수준이라면 충분히 도전해볼 만하다. 온라인 강좌도 다수 존재한다. 다음 작업 과정으로 들어가기로 한다.

1) Sketchup Modeling한다.
2) Sketchup Model을 FBX로 내보낸다.
3) Unity에서 FBX 모델을 읽어온다.
4) 일반적인 내비게이션 오소링(키보드로 카메라 조정 등)한 후
5) Platform(PC, smart phone 등)에 맞추어 빌드하여 VR 실행 파일을 만든다.
6) VR 실행 파일로 설계안을 실재하는 건축물 모습으로 보면서 검토한다.

그림 43
그림 FBX로 내보내기 설정

2. 3차원 프린팅

건축설계안 검토에 가상현실을 적용하면 시각으로만 인지하게 되는 제약이 존재한다. 3차원 프린팅을 이용하면 촉각 등을 통해 VR과는 다른 현실감 속에서 설계안을 검토하는 일이 가능하다. 모형을 만드는 방법보다 시간과 비용이 적게 들어가는 작업이다. VR처럼 3차원 모델 자료 제작이 3차원 프린팅의 출발이다. 프린팅 모델은 주로 FBX와 같은 일반적인 모델형식으로부터 만든다. 그림 44~47은 본 주택에 대한 3차원 프린팅 사진이다.

그림 44
3차원 프린트 주택 전경 1

그림 45
3차원 프린트 주택 전경 2

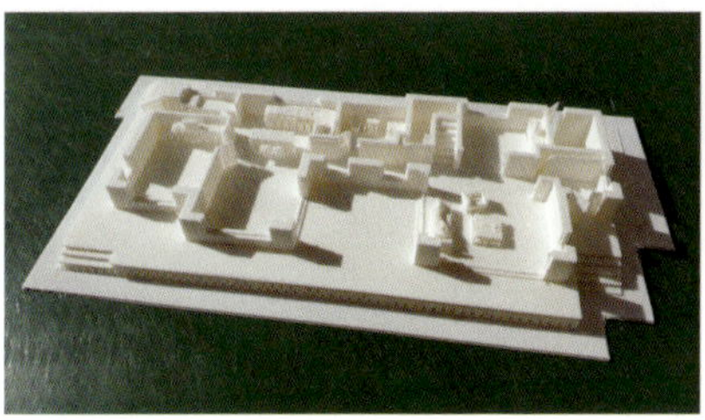

그림 46
3차원 프린트 1층 단면

그림 47
3차원 프린트 2층 단면

3. 자동제어와 원격제어

자동제어와 원격제어를 도입하는 목적은 복잡한 에너지 관리체계를 자동화하고 가끔씩 방문하는 가족들이 도착하기 전에 필요한 냉난방 설비를 가동시켜 상태를 알 수 있도록 하는 데 있다. 연로하신 부모님뿐만 아니라 가족들이 설비를 제어하기에 편리하고 실수도 방지한다.

1) 자동제어

자동제어가 작동하는 과정은 대략 아래와 같다.

① 각 방에 온도센서를 달아 현재의 온도를 알아볼 수 있게 한다.

② 냉난방 설비를 켜거나 끈다.

③ 냉난방 설비의 목표 온도 설정을 할 수 있도록 했다.

④ 열원을 선택할 수 있다-난방의 경우 지열 히트펌프나 가스보일러 중 하나를 선택해 온수를 공급할 수 있다.

⑤ 지열 히트펌프를 이용해 여름에는 냉수를 공급하도록 하고 겨울에는 온수를 공급하도록 급탕탱크의 목표 온도를 바꾸어 준다.

조금 더 자세히 들여다 보자. 겨울철 지열 급탕온도를 50도로 설정하고 환탕관을 연다. 가스보일러의 바닥 난방 라인은 열지만 보일러는 난방모드 상태에서 꺼둔다. 반면에 여름철 지열 급탕온도는 11~12도로 설정하고 환탕관[19]은 닫는다. 가스보일러는 온수모드 상태에서 켜둔다. 가스보일러와 바닥 난방 라인은 닫는다. 이러한 조치는 처음부터 완성된 것이 아니라 시험 가동 중에 발생한 문제를 해결하기 위해 밸브를 추가하고 제어에 포함한 것이다.

그림 48, 49는 열원과 제어 밸브, 펌프의 연결도이다. 그림에서 빠진 부분은 바닥 난방과 팬 코일 냉방이다. 위로 열려 있는 붉은 선은 바닥 난방의 온수 공급과 회수 라인이고, 파란 선이 냉방용 냉수의 공급과 회수 라인이다. 난방은 주로 바닥 배관, 냉방은 주로 팬 코일을 이용한다. 팬 코일로 온풍을 공급할 수도 있다.

설비는 가능한 한 자동으로 작동하도록 했지만 계절에 따른 난방과 냉방을 두고 지열 히트펌프로 온수와 냉수 중 어느 쪽을 언제부터 공급해야 할지 자동으로 전환하기 힘들었다. 적당한 시기에 지열 히트펌프가 냉수나 온수를 만들 수 있도록 전환해 주어야 한다. 그 뿐만 아니다. 겨울철 난방모드에서는 지열 히트펌프의 급탕온도를 50도로 맞추어 놓고 환탕관(換湯管)을 열어 가스보일러는 난방모드에서 꺼두고 위생기구로 가는 온수라인은 닫아 두어야 한다. 반면에 여름철 냉방모드에서는 지열 히트펌프의 급탕온도를 12도로 맞추어 놓고 환탕관은 닫아두며 가스보일러는 온수모드에 두고 위생기구의 온수라인

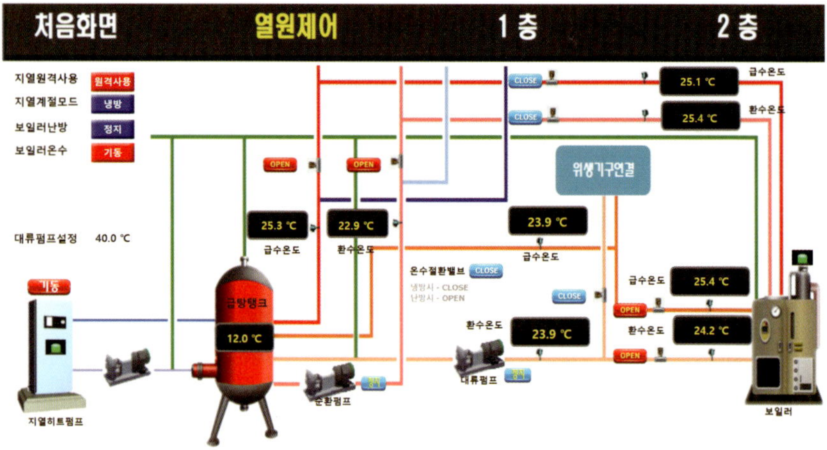

그림 48

여름철 모드의 열원제어 화면으로 각 열원의 온도상태, 펌프상태, 밸브상태를 알 수 있으며 열원을 제어할 수 있다.

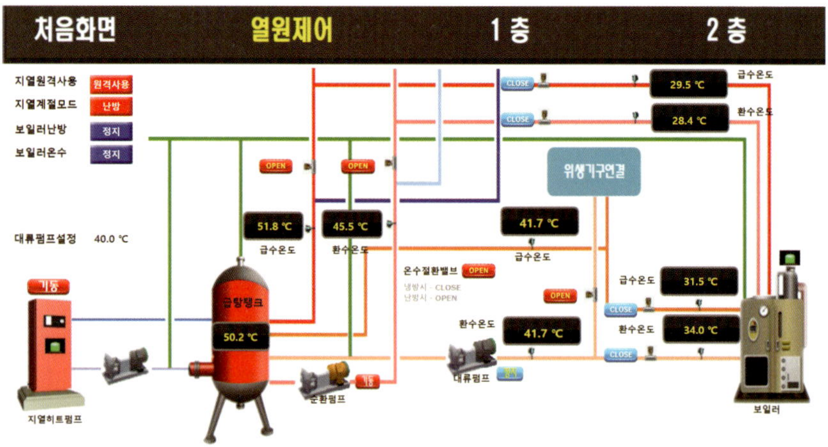

그림 49

겨울철 모드의 열원제어 화면으로 각 열원의 온도상태, 펌프상태, 밸브상태를 알 수 있고 열원을 제어할 수 있다.

은 열어야 한다. 자동제어기에서 겨울 난방모드나 여름 냉방모드를 선택하면 이 모든 동작을 자동으로 처리해준다.

· 겨울 난방모드 : 지열을 이용한 바닥 난방으로 온수 공급
· 여름 냉방모드 : 지열을 이용한 팬 코일 유닛 냉방과 가스보일러를 이용한 위생기구로 온수 공급

2) 원격제어

원격제어 또한 편리를 위해 설치했지만 비용 대비 효과에 대해 여전히 가족 사이 의견이 분분하다. 하지만 연로하신 부모님께서 냉난방에 문제가 생겼을 때 현장에 가지 않고 원격으로 접속하여 냉난방 문제를 해결하려는 목적과 가족이 방문하기 전에 원격으로 미리 냉난방을 가동시켜 둘 수 있다는 장점이 있다. 2018년 겨울 두 차례나 난방이 중단되는 경우가 발생했지만 원격 접속으로 난방을 재가동해 그 효과를 톡톡히 실감했다. 원격 통합 제어는 웹 기반 제어로 웹브라우저만 이용할 수 있으면 어떠한 장비라도 가능하다. PC, 스마트 폰, 스마트 패드 등으로도 제어가 가능하다.

앞에서 설명한 몇 가지 친환경 및 첨단 설비는 비용과 효용을 비교해 보아야 한다. 현실에서는 첨단 설비가 초기 비용이 꽤 많이 드는 선택이다. 그러나 연로하신 부모님 대신 원격지에서 설비를 제어하는 작업은 편리함을 넘어 때로는 부모님이 해결하지 못하거나 해결하는데 시간이 많이 걸리는 문제를 신속히 대응하게 만들어준다. 원격제어는 전체적으로 볼

때 여전히 비용이 많이 들어가는 선택이다. 이러한 친환경 및 첨단 설비를 선택하지 않고 일반적인 선택을 했다면 총공사비를 상당히 줄일 수 있었을 것이다.

모든 냉난방 제어기를 원격으로 처리하기 원했었지만 가스보일러는 원격제어에 포함시키지 못했다. 그렇다고 해서 냉난방이 자동제어나 원격제어가 안 되는 것은 아니다. 여름철과 겨울철에 따른 급탕온도 전환을 자동으로 제어하지 못한다. 이는 보통 때는 별 문제가 안 된다. 겨울에는 50도의 뜨거운 물을 만들고 여름에는 12도의 냉수를 만들도록 1년에 2번만 전환 시기를 결정하고 원격으로 지시만 내리면 되기 때문이다. 하지만 히트펌프가 자주 멈춘다. 크게 중요하지 않은 에러 메시지를 띄우고는 정지해 버린다. 그러면 수동으로 에러메시지를 지워주어야 재가동이 된다. 이런 일은 한 달에 한두 번 있을 정도로 빈도가 높았지만 두 차례 AS를 받은 후 에러 빈도가 현격히 줄었다. 히트펌프도 곧 진화하면 원격제어로 재가동될 것으로 짐작된다.

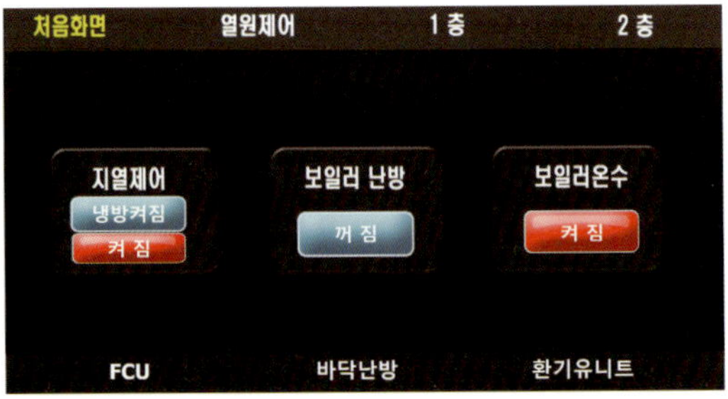

그림 50

여름철 원격 접속했을 때의 첫 화면이다. 여기에서는 각각의 세부 제어로 진입하거나 지열 히트펌프와 가스보일러를 제어한다.

1층과 2층의 각 방 온도를 보여주고 바닥 난방과 팬 코일을 제어한다.

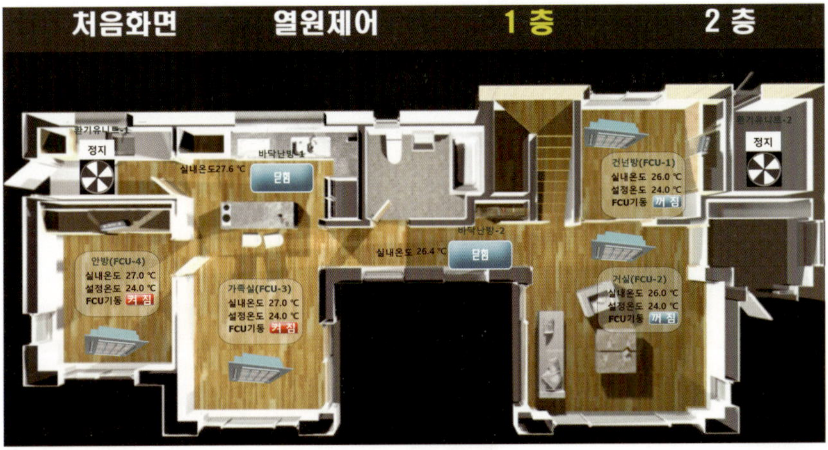

그림 51
1층 제어판

그림 52
2층 제어판

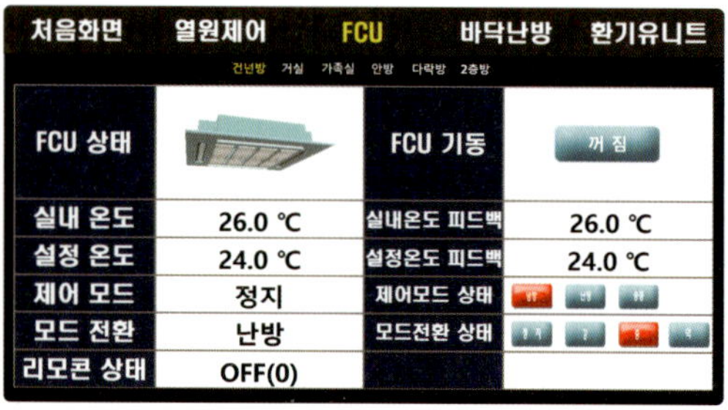

그림 53

각 방의 팬 코일 유닛 제어판
화면은 각 방의 온도를 보여주고
팬 코일 유닛의 목표 온도를
설정한다.

그림 54

3개 영역별 바닥 난방 제어판
화면은 각 방의 온도를 보여주고
바닥 난방의 목표 온도를 설정한다.

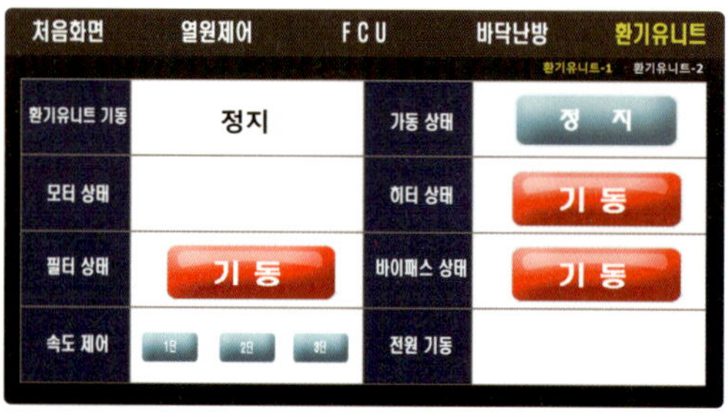

그림 55

환기 유닛 제어판
화면은 환기 유닛의 상태를 보며
제어할 수 있다.

아래 사진은 가족실에 배치된 5개의 리모컨과 2개의 모니터이다.

그림 56

온수 바닥난방 조절기

그림 57

열회수 환기 조절기

그림 58

FCU냉방조절기

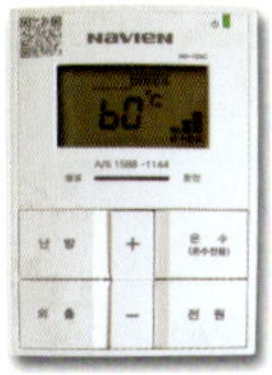

그림 59

가스보일러 조절기

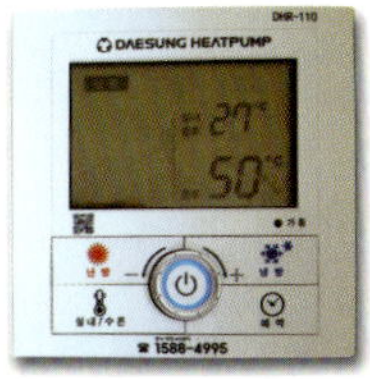

그림 60

지열 히트펌프 조절기

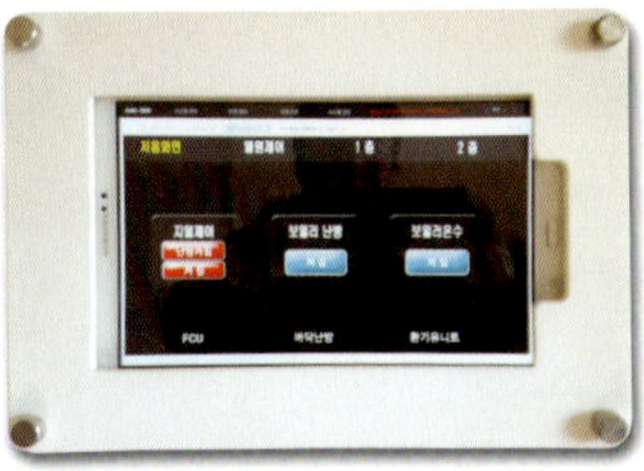

그림 61

가족실의 원격제어판

그림 62

현관 비디오 폰

이것은 가족실 벽면에 배치된 모습이다. 너무 복잡하여 좀 더 나은 방법이 있어야 할 것이다.

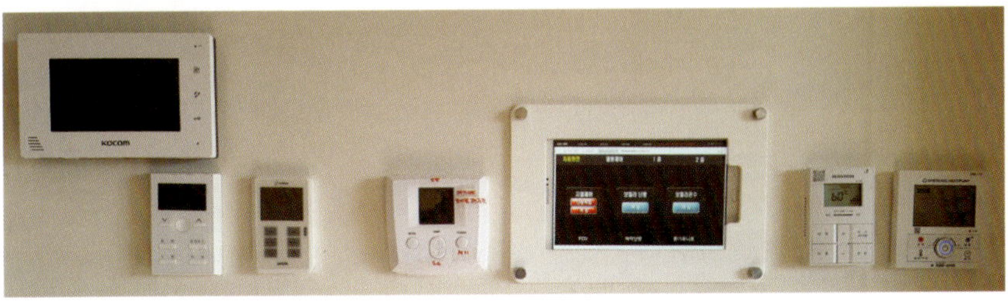

그림 63

제어판 전체 배치 모습

4. 액션 캠으로 시공 과정 기록

액션 캠의 Time Lapse기능으로 패널라이징 시공 과정 일부를 기록했다. 시공 과정을 처음부터 끝까지 기록하기에는 너무 긴 시간이라 기록에 필요한 액션 캠의 메모리 용량이 제한적이고, 야외에서 안정적인 전원공급의 어려움, 카메라의 장시간 작동에 따른 오작동 등의 문제로 자주 중단되었다. 그래서 일부분의 시공 과정만 기록이 남게 되었다. 만약 다시 기록할 기회가 된다면 방수가 가능하고 야외에서 안정된 전원이 공급되도록 하며, 현장 전체가 보이는 충분히 높은 장소를 확보하고 충분한 저장 장치를 갖춘 Time Lapse 전용 카메라를 사용할 예정이다. 다음 사진들은 이 방법으로 촬영한 동영상의 몇 장면이고 아래 링크들은 이 중 몇 개의 시공 동영상이다.

· https://bit.ly/3bSzQcO
· https://bit.ly/2SAorGR

그림 64
액션 캠으로 찍은 시공 모습 1

그림 65

액션 캠으로 찍은 시공 모습 2

그림 66

액션 캠으로 찍은 시공 모습 3

5. CCTV 설치

부모님은 함께 집을 자주 비우시는 편이다. 집의 보안과 관리를 위해 CCTV 채널 8개를 설치했다. CCTV의 배치도는 다음과 같다. 설치 후에 시행착오를 바로잡으면서 사각지대가 최소화되도록 조정했다.

그림 67
배치도

아래는 주간과 야간의 CCTV 모니터링 예이다.

그림 68 (주간)

CCTV 효과를 경험한 첫 사례는 야간에 텃밭을 파헤친 짐승의 통행로를 파악하고 차단에 활용한 것이다.

그림 69 (야간)

6. 프리패브리케이션과 목조건축의 미래

몇 해 전 캐나다 밴쿠버에 있는 브리티시 컬럼비아 대학 UBC/University of British Columbia 에 들어선 기숙사가 건축인들 사이에 화제가 된 적이 있다. CLT라는 공학목재를 이용하여 무려 54m에 달하는 18층 높이로 건설했다는 사실도 놀라운 일이었지만, 불과 2달 만에 4,500평 규모의 건물을 완성시킨 사례는 프리패브리케이션 공법을 이용한 목재의 현대적 가능성을 보여주었다. 얼마나 빠른 시간 안에 공사가 진행되었는지 유튜브를 통해서 살펴볼 수 있다.

· http://bit.ly/37xZKz5

'프리패브리케이션 Prefabrication'을 쉽게 설명하면 일종의 조립식 건축 또는 모듈러 건축이라 할 수 있다. 사전적으로는 '규격건축 또는 양산건축으로 미리 가공된 부품을 현장에서 조립하여 만드는 건축이며, 공장에서 미리 조립되어 현장에 운반하여 만들어지는 건축'[20]으로 정의된다. 근대건축에서 출발한 공업화주택은 그동안 크게 성장했지만 국내의 중소규모 건축현장에서는 낯설게만 느껴진다. 건축공사의 현장작업을 최소화하고 공장에서 생산된 제품을 현장에서 조립하여 일정한 품질을 유지하는 공업화개념을 건축산업에 반영하자는 것이다.

국내에서 그다지 성공을 거두지 못한 원인은 자동차의 부품을 생산하듯이 구조부재나 마루, 벽체, 천장 등 하나하나를 정밀하게 생산하고 시공할 수 있는 기술력이 부족하기 때문이다. 나아가 설비투자비용이 큰 만큼 대량생산의 효과를 살리기 어렵다는 이유도 있다. 또한 형태가 단조롭고 비용면에서 큰 장점이 없다는 것도 건축가들에게 그다지 환영받지 못했다.

산척면 주택은 패널라이징공법을 도입한 일종의 프리패브주택이다. 고작 45평 정도의 작은 집을 지으면서 이런 거창한 '공업화건축'을 이야기한다는 자체가 의아스럽다고 생각하는 사람도 있을지 모르겠다. 그러나 건설시장에서 목조만큼 프리패브를 실천하기 좋은 분야도 없다. 건축주와의 대화를 통해서 설계작업 이전부터 목조건축을 이용한 공업화방식, 즉 '프리패브 Prefab', '프리컷 Pre-Cut', '패널라이징 Panelizing' 등 다양한 공법을 논의해 왔다. 물론 단순한 조립식 주택이 아닌 건축의 공간성과 작품성을 지닌 주택을 전제로 한 논의였다. '패널라이징 panelizing'이란 공장에서 패널형식으로 벽체, 바닥, 지붕을 현장여건에 맞게 제작한 뒤, 현장에서 조립하는 방식으로 프리패브의 장점인 경제성과 효율성, 시공성을 유지하도록 하는 가장 낮은 단계의 건설방법이다. 특히 이런 공업화 건설방식을 채택할 경우 숙련된 기술자를 쉽게 확보할 수 있고, 현장 기후와 무관하게 작업함으로써 효율성과 안정성을 확보할 수 있다.

그림 70

공장에서 생산된 프리패브 벽체의 현장운반

그림 71

조립순서에 따라 조립되는 프리패브 벽체

그림 72

방수와 기밀처리가 필요 없는 실내 벽체

그림 73

프리패브 벽체의 연결과 동시에 진행되는 방수 및 기밀처리

그림 70~73

마무리 공장에서 제작된 패널이 현장에 들어오면 위치에 맞게 현장에서 조립된다. 기중기를 이용하여 외벽부터 올바른 위치에 벽체를 설치하며, 방수지가 부착된 벽체 조립을 통해 기밀성을 높이도록 하였다.

산척면 현장에 패널이 반입되던 그날의 흥분은 아직도 생생하다. 1주일이면 모든 공정이 끝날 것이라 생각했지만 기대감이 너무 컸던 탓일까 공사순서에 맞추어 들어와야 할 패널이 제각각 현장에 도착하다 보니 벽체를 찾느라 시간을 소비하고, 이것저것 들어 올렸다 내리기를 반복하느라 공사가 효율적으로 진행되지 못했다. 또한 일부 패널은 잘못 제작되어 현장에서 수정해야 했고, 게다가 하루건너 쏟아지는 소나기로 찢어지거나 젖은 투습방수지와 단열재를 교체하느라 시간을 소비해야만 했다. 결국 2주가 넘어서야 어느 정도 외부공사 및 내장공사에 들어 갈 수 있었다.

그럼에도 미래주택의 가능성은 목재를 이용한 프리패브에서 찾을 수 있다는 믿음에는 변함이 없다. 콘크리트 아파트를 대체할 수 있는 목조주택은 새로운 라이프스타일을 요구하는 현 시점에 적합하다. 건강한 실내환경을 거주자에게 제공할 수 있고, 목재를 통해 단열성능을 향상시키고, 국산목재를 사용함으로써 탄소배출을 억제하여 지구환경을 개선할 수 있기 때문이다. 이를 위해서는 패널라이징 공법만큼이나 국산 대구경 목재를 활용한 중목구조의 프리컷공법에 대한 이해와 실천이 필요하다.

8장

에피소드

최경숙

1. 집에 대한 코멘트 모음

1) 이웃 사람들의 이야기

공사 도중에 동네 주민들이 지나가면서 한 이야기 중에서 처음 들은 말은 "와 멋있네, 호텔을 짓는가 보다"였다. 겨울에 입주했는데 집을 방문한 이웃 사람이 처음 한 말은 "외풍이 하나도 들어오지 않아 따뜻하네"라는 것이었다.

2) 살고 계시는 시부모님의 말씀

입주 후 시아버님께서는 새 집은 창이 넓어 밝고 겨울에 따뜻해서 좋다고 하셨다. 추운 겨울에 주로 가족실에 계시면서 햇빛에 따라 의자를 이동하며 해바라기를 하고 지내신다.

시어머님께서는 "창이 많고 넓기 때문에 밖에 나가지 않아도 주변의 산과 마당이 시야에 들어와 좋고, 아무리 추운 겨울에도 외풍이 전혀 없어 따뜻하다"고 하셨다. 또한 늦은 밤 거실에 누웠을 때 밝은 달과 반짝이는 별이 보여 좋다고 하셨다. 부모님의 이야기에 새 집의 차경(借景) 효과를 실감했다.

그림 74
시어버님은 가족실의 햇볕 잘 들어오는 창가에 앉아 계시는 날이 많음

그림 75

전면창이 넓어 풍광이 좋음

3) 가족과 친척의 말

가족 1 (36살, 2018년 한국나이 기준, 아들)은 “가족실과 거실 사이에 마당이 있는 점이 제일 좋다”고 말하였다. 데크가 있는 중정에 야외탁자와 파라솔을 설치해 놓으니 차 마시는 장소도 되고 바비큐 파티도 여는 공간도 되었다.

가족 2 (36살, 며느리)는 “사랑하는 이를 위한 정성스런 집, 그리고 all for one, one for all(하나를 위한 모두, 모두를 위한 하나)”이라는 시적인 표현을 남겼다. 하나는 우리 집을, 모두는 가족 3대의 구성원 전부를 가리키는 의미이다.

가족 3 (32살, 딸)은 “풍광이 좋은 집, 즉 빛이 잘 들고 조망이 좋은 집이다”라고 이야기했다. 시어머님의 생각과 일치하는 내용이다.

그림 76
가족실과 거실 사이 중정

그림 77

거실 전면 넓은 창으로 마을이 보이고 꽃과 나무들이 보임

그림 78

파노라마 조망 좋은 2층 다락 창문

그림 79

조망이 좋은 2층 복도 전면 창문

그림 80

히노끼 온천이 연상되는 2층 침실

친척 1 (57살, 시동생)은 "몸과 마음이 지쳤을 때 편안히 쉴 수 있는 공간이며 맛난 음식을 정성껏 준비해서 가족과 이웃 주민과 나눠먹고 싶은 곳이기도 합니다. 포근한 엄마의 품같기도 하고요"라고 하였다. 새 집에 대한 총평으로 보인다.

친척 2 (61살, 시누이)는 "2층의 창문들이 마치 한폭의 그림 같은데, 다락의 기다란 창에 비치는 바깥 풍경은 파노라마를 보는 듯해 기분이 좋아요. 2층 침실의 나무 장식은 일본의 히노끼(檜) 온천[21]에 앉아 있는 기분이에요"라고 평하였다. 자신의 체험을 곁들인 이야기이다.

친척 3 (67살, 시누이 남편)은 가족실에 나란히 늘어선 7개의 조절장치를 본 다음, "최첨단 주택이군요. 그런데 어느 스위치를 켜야 난방이 되나요?"라는 질문을 던졌다. 아무래도 주택 설명서를 비치해 두어야겠다는 생각이 들었다.

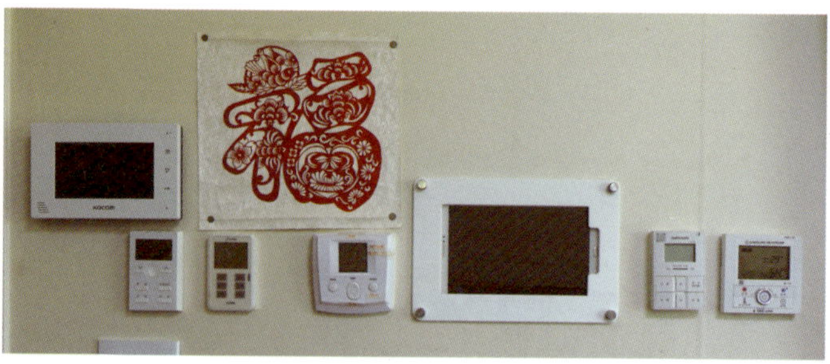

그림 81

7개의 조절장치가 놓인 가족실 벽면

친척 4 (48살, 동서)는 부엌을 두고 "넓은 부엌은 여러 사람이 함께 일하기에 편리하며, 특히 넓고 밝은 창에서 보이는 뒷산과 마을 경치는 마음을 즐겁게 해준다"고 하였다.

친척 5 (57살, 시동생)는 "창이 넓어 멀리 산과 건너편 마을이 보이는 거실이 제일 좋다"고 한다. 거실은 명절이나 제사를 지내는 장소이기도 하며 대가족이 모여 영화를 보거나 음악을 듣는 등의 취미활동이 이루어지는 곳이기도 하다.

친척 6 (50살, 시동생)은 "1층 복도에서 2층이 올려다 보이고, 2층에서도 1층 가족실이나 거실과 복도에 지나가는 사람이 보이는 게 신기하다"라고 말하였다.

친척 7 (50살, 동서)은 "계단 입구 문을 닫으면 선반이 나타나는데, 계단 문을 열면 선반은 사라지고 흰색의 벽처럼 보이는 게 재미있다"고 말했다.

친척 8 (58살, 올케)은 짤막하게 "미술관 같다"고 언급했다.

친척 9 (13살, 조카)는 "2층 다락방이 제일 좋다"고 말한다. 친척 10(8살, 조카)은 "2층에서 1층을 내려다보는 것이 재미있다"고 한다. 어린애다운 생각이다.

그림 83
계단문 열면 선반 안 보임

그림 84
계단문 반 열면 선반 보임

그림 85
계단문 닫으면 선반과 창고문

그림 82
2층까지 뚫린 복도

그림 86
아이들이 제일 좋아하는 다락

2. 농업인 주택 건축 신고필증

농촌에 주택을 지으려면 대지의 지목을 논밭에서 대지로 변경하는 등, 농업인 주택에 해당하는 요건을 갖추어야 가능하다. 설계 초기에 산척면 복지행정센터(=면사무소)에 '농업인 주택 신축'으로 신고서류를 제출하였다. 그런데 농촌에 대지를 구입하고 거주하지 않는 사람들이 많기 때문에 농업인 주택이 되기 위해서는 실제 거주 여부를 확인하는 절차가 필요했다. 이장 어른은 부모님이 산척면에서 실제 20년 이상 거주하였다고 증언해주셨다. 농업인 주택 건축 용도변경 신고필증이 나온 2016년 4월 21일은 산척면에 집을 지을 수 있는 의미 있는 날이 되었다.

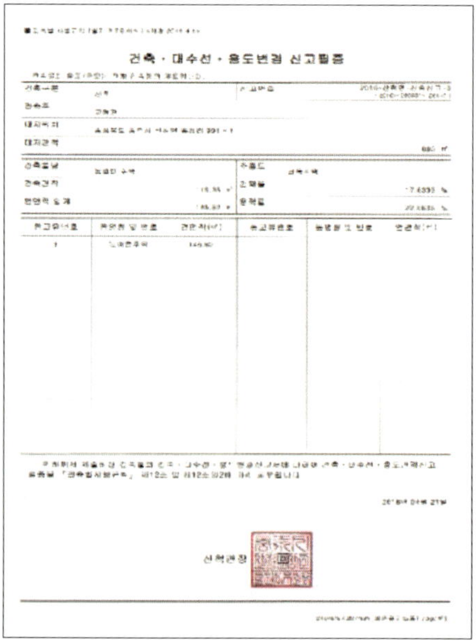

건축 · 대수선 · 용도변경 신고필증

그림 87

건축 신고필증

3. 나무심기

산척면 주택이 준공된 시기는 추운 겨울이어서 나무를 심지 못하다가 이듬해인 2017년 3월 24일에 나무를 심었다. 거실 앞에는 생울타리로 대왕철쭉을 촘촘히 심고 뒷마당의 메시 담장 앞에는 스트로브잣나무, 현관 오른쪽과 집 뒤쪽에는 주목을 심었다. 생울타리 역할을 해줄 수종 선택에 잠시 고민했다. 사철나무와 회양목, 대왕철쭉 중에서 비용이 비싸지 않은 봄꽃으로 계절감도 느낄 수 있는 대왕철쭉을 골라 심었다. 나무심는 날에는 작은 크레인을 동원해 흙을 파낸 후 전문 인부들이 나무를 심어주었다.

그림 88
생울타리로 대왕철쭉을 심은 봄날 마당

그림 89
주목을 심은 현관 입구

그림 90
스트로브잣나무를 심은 뒷마당

그림 91
2018년 4월 심은 배롱나무가 8월 꽃이 피었음

그림 92
성장이 빠른 백합나무

다음 날 비가 내려 심어놓은 나무들이 자리를 제대로 잡을 수 있겠다는 생각이 들어 기뻤다. 생울타리로 대왕철쭉을 심고 나머지 나무들도 심고 나니 집의 모습이 어느 정도 갖추어져 간다.

2017년 4월, 조경 전문가인 지인이 준 백합나무 묘목 50그루를 뒷마당에 심었다. 백합나무는 성장 속도가 빠르다고 들었는데 심자마자 무럭무럭 자라는 모습을 느낄 수 있었다. 이듬해 4월에는 앞마당에 배롱나무와 목련 등을 심었다. 8월 산척면 집에 가보니 배롱나무에 활짝 핀 분홍색 꽃이 앞마당을 환하게 밝혀주고 있었다.

4. 수많은 하자보수

입주하고 며칠 지나지 않은 2017년 2월 초순에 하자보수 항목을 헤아려보니 20가지가 넘었다. 하자보수와 그에 대한 조치 내용을 기록하기 시작했다. 보수는 대부분 시공회사가 하였으며, 일부는 남편이 수고해 주었다.

① 1층~2층 목욕실 문이 닫히지 않음 → 시공회사에서 조치를 해주지 않아 10개월 후에 남편이 문고리 높이를 수리

② 1층 목욕실 문의 우측 수납자리에 유리 선반 추가 → 시공회사에서 추가

③ 부엌의 나무 창틀에 물기나 김치 국물이 튀면 착색될 것이 염려되어 방수 도료칠 등의 대책 필요 → 나무 창틀이 이미 오일스테인으로 마감된 것이어서 조치할 게 없다고 했는데, 이후에 사용해보니 김치 국물 등이 튀어도 탈색되지 않아 문제 해결

④ 거실, 가족실 등의 바닥몰딩 끝 부분이 삼각형 모양으로 깨져 교체 필요 → 조치완료

⑤ 1층 목욕실 출입문 아래의 까만색 타일이 깨져 교체 필요 → 시공회사와 논의한 결과, 재료분리대를 설치하면 깨진 타일이 안 보이게 된다고 하였고 나중에 재료분리대를 설치하니 보이지 않음

⑥ 2층 세면대 우측에 수건걸이 추가 → 추가 완료

⑦ 2층 난간의 복도 위 부분의 바닥을 막지 않은 채 사용 고려 → 복도를 막지 않고 입주 후에 사용해보니 2층에서 1층이 내려다보였다. 조카들이 좋아해서 그대로 사용하기로 결정

⑧ 계단 2층의 첫 단(段) 바닥이 복도 바닥과 3~5mm 차이가 나 수평으로 맞추고, 계단 중간의 벗겨진 칠 복원 → 조치 완료

⑨ 다용도실 임시 가스배관의 경우 가스관을 정리하여 창틀로 들어온 가스관이 없게 할 것 → 조치 완료

⑩ 2층 복도의 상부 조명 돌출형 전구 3개가 냉난방용 팬 코일 바로 앞에 위치해 여름철 냉방할 때 열손실이 발생해 가늘고 긴 LED 전구로 교체 희망 → 조치 완료

⑪ 2층 방 출입문 우측의 전기콘센트 작동 불능 → 메인 전원을 내려 놓았기 때문에 현관 벽장의 메인 스위치를 켜자 간단하게 해결

⑫ 복도의 3중 유리창에서 가운데 유리 파손 → 입주 당시 창에 커튼이나 블라인드를 설치하지 못해 유리면에 신문지를 붙였는데 그 신문지 때문에 열을 받아 깨졌다고 창호업체에서 말했다. 그러나 설계자 및

시공자와 상의하니 제품의 하자에 의한 것이므로 유리창 교체

⑬ 계단 하부에 수장 공사 필요 → 나무 선반을 만들어 책장으로 사용

⑭ 거실, 가족실의 모든 방의 도배 상태가 울퉁불퉁해 재공사 필요 → 조치 미완

⑮ 뒷마당에 장독대를 설치하기 위해 마당 높이를 조정할 때 콘크리트 패드를 설치하고 화강석 판석으로 마감 요청 → 조치 완료

⑯ 앞마당의 높이를 45cm로 맞출 필요 → 조치 → 완료

⑰ 통신 기둥 처리는 절반 정도 공사하다가 중단되었는데, 안 동네와 같이 사용하는 공사가 2주일 걸린다고 말함 → 조치 완료

⑱ 기계실에만 자동제어 조절기가 설치되어 불편하므로 실내에 추가 설치 요청 → 조치 완료

그림 93

거실에서 제사 지내는 모습

⑲ 2층 가스보일러는 상향식이어서 밀폐형이지만, 지열보일러는 개방형이어서 밀폐형으로 교체할 필요 → 조치 완료

⑳ 가스보일러와 지열보일러를 각각 다른 업체가 시공하였으므로 2가지 중에서 선택해 조정하는 차압 밸브를 설치할 필요 → 조치 완료

5. 입주 후 단상

1) 입주 후 처음 맞은 설날

준공 예정일은 2016년 10월 말이었으나 여러 사정 때문에 지연되면서 애꿎은 날짜만 흘러갔다. 설날 전에 준공검사가 끝나지 않아 새 집에 들어가지 못하면 어쩌나 걱정이 앞섰다. 천만다행으로 설 연휴 며칠 전 준공검사를 마쳤다. 2017년 1월 설 명절, 부모님 댁에 4형제 가족을 포함한 15명의 대가족이 산척면 주택을 찾아 1박 2일을 지내고 왔다. 새 집 완공 후 처음 맞이한 명절을 가족 모두가 단란하게 보낼 수 있었다.

건축주 요구사항으로 명절에 시어머님을 포함한 4, 5명이 부엌과 다용도실에서 음식을 조리하고 뒷정리까지 할 수 있게 해달라고 하였다. 처음으로 시험해 볼 날이 찾아왔다. 먼저 도착한 막내 시동생 식구들은 집 전체에 햇빛이 잘 들어 흡족해 했다. 그리고 명절 음식을 넓고 밝은 부엌에서 여러 명이 동시에 준비할 수 있었다.

2) 입주 후에 늘어난 가족 모임

새 집이 지어진 다음 시누이와 시동생들 가족이 이전보다 자주 모인다. 진해에서 군복무중인 조카는 휴가를 나오면 거의 매번 할아버지, 할머니께 인사드릴 겸 산척면 집을 방문한다. 집을 지은 후 첫해 여름의 8월 초에 무더운 날씨가 이어졌는데, 시동생과 시누이 식구 13명이 2박 3일 산척면 주택에서 휴가를 보냈다. 부산 사는 시동생은 생선회 등의 해물을 가득 싣고 왔다. 집 전체가 냉방이 잘 되어 무더운 여름에도 대가족이 모인다.

3) 처마의 또 다른 역할

처마는 지붕이 도리 밖으로 내민 부분[22]이다. 건축법에 따르면 외벽에서 1m 이상 돌출되는 경우, 돌출된 부분이 건축면적에 들어가기 때문에 설계할 때 처마를 포함시키지 않는 경우가 많다. 그러나 주택에서 가장 필요한 장치이자 공간이 처마이다.

① 처마는 제비들의 아늑한 공간

돌출된 지붕과 벽으로 둘러싸인 처마 아래의 공간은 아늑하고 포근한 느낌을 준다. 이곳은 제비에게도 아늑하고 포근한 공간인가 보다. 입주하고 처음 맞는 봄날 제비가 찾아와 바쁘게 날아다니며 벽에 진흙을 발라 집을 지었다. 입주한 첫해 봄에 제비가 처마에 집을 짓자 시어머님은 길조라고 기뻐하셨다.

그림 94 처마에 지은 제비의 스위트홈

그림 95
메주 말리는 데크

그림 96
처마 끝 레인체인

② 메주 말리는 공간도 되는 처마

계절이 바뀌면 그때마다 집의 다른 모습이 나타난다. 2017년 12월의 어느 초겨울 날, 어머니는 처마 밑에 사다리를 세우고 메주를 매달고 계셨다. 메주도 말리는 처마의 또 다른 용도를 보았다.

③ 처마 아래에서 빗줄기 내리는 소리를 듣다.

공사하는 도중에 처마 아래 바닥이 흙이어서 홈통을 추가해야 할지 말지 잠시 고민에 빠졌다. 건축가에게 문의하니 배 소장은 홈통을 추가하면 보기에 외관이 흉하니 레인체인[23]을 설치하면 낫겠다고 제안하였다. 미국 시장에서 레인

체인을 구매할 수 있다는 말을 듣고 미국에 거주하는 시누이에게 구입해 보내라고 하고 나서 제품을 받자마자 설치하였다. 그런데 우리나라에도 레인 체인을 판매한다는 사실을 나중에 알게 되었다.

비가 내리는 날, 처마 아래로부터 레인 체인을 타고 방울방울 떨어지는 맑은 빗방울을 들여다본다. 지붕에서 떨어지는 빗물이 레인 체인을 거쳐 내려오는 빗소리가 들린다.

6. 설비 관련 시행착오 이야기

1) 에피소드 1: 설비공사 직접발주 과정의 시행착오

전기설비, 배관설비, 지열난방, FCU(팬 코일 유닛) 설치, 자동제어를 별도로 발주하게 되었다. 통합 발주 견적을 받아보니 전체를 맡게 될 수도권 지역 회사에서 현장으로 보내는 인력의 인건비보다 지방 출장비가 더 많았다. 비용을 아끼려 배관은 현장에서 가까운 회사에 맡기는 등 분리 발주하여 비용을 아꼈다. 하지만 최종 설비 테스트와 가동에 시행착오가 많이 발생했다. 같은 회사에 통합 발주를 했다면 어려움이 덜했을 것이라는 생각이 들지만 분리 발주하면서 어느 정도 위험을 안고 한 일이었다.

2) 에피소드 2 : 단열성능을 확인한 난방 꺼짐 사건

사용승인이 떨어진 시기는 겨울철이었고 곧 바로 설날을 맞이했다. 당시는 지열이 가동되지 않아 가스보일러로 바닥 난방을 했는데, 가스통을 교체하는 과정에서 보일러가 꺼져버렸다. 자동제어시스템이 완공되기 전이어서 제어 리모컨이 작동하지 않았고 밤에는 가스보일러가 작동하지 않아 난방이 되지 않았다. 명절에 모인 식구 모두가 한겨울 추위에 떨 수밖에 없는 상황을 만났다. 그런데 단열이 잘되는 벽체와 창 덕분에 낮에는 햇빛만으로 실내온도가 23도나 되었고, 새벽에도 18도 이하로 내려가지 않아 큰 추위에 떨지 않아도 되었다. 다행히도 다음 날 가스보일러가 켜져 상황은 종료되었다.

3) 에피소드 3 : 수도관 냉수와 보일러 온수가 싸운 사건

지열로 난방을 시작한 다음 가스보일러로는 그럭저럭 잘 나오던 온수가 거의 나오지 않게 되었다. 설비 관련 시공자와 설계자들이 모두 모여 머리를 맞댔다. 지열로 가열된 온수와 수도에서 직수로 연결되는 냉수가 섞여 적당한 온도로 온수가 공급되어야 하는데, 수도의 직수압이 너무 높아 수도에서 오는 냉수가 온수관으로 밀고 올라가는 현상이 발생하여 온수 공급이 되지 않고 있었다. 온수가 역류하지 않도록 체크 밸브를 설치하니 해결되었다.

4) 에피소드 4: 자동제어 설비 공사 관리 실수

자동제어 설비 테스트 중에 전체 팬 코일 유닛 6개 중 4개만 작동되고 2개는 작동되지 않았다. 배관과 자동제어 시스템 등을 하나씩 점검하는 가운데 어이없는 실수가 발견되었다. 팬 코일 유닛은 6개인데 팬 코일 유닛을 제어할 수 있는 채널은 4개만 설치되어 있어 2개는 제어 시스템에 연결되어 있지 않았다. 나중에 채널을 늘려 문제를 해결하였다.

5) 에피소드 5: 지열 냉수와 가스 보일러 온수가 싸운 사건

지열은 계절에 따라 온수나 냉수를 공급하는데 가스보일러는 항상 온수만 공급한다. 그런데 지열 냉온수관과 가스보일러 온수관이 급탕관에 하나로 묶여 있어 여름철에 냉수가 급탕관으로 넘어가는 일이 발생하였다. 여름철에는 지열 냉수가 급탕관으로 흘러가지 않도록 자동제어 밸브를 추가 설치하여 해결되었다.

6) 에피소드 6: 원격 자동제어 시스템은 더 발전해야 한다.

지금의 냉난방 원격 자동제어 시스템의 기술 수준은 미완성임을 알고 있었다. 그럼에도 약간의 도전의식을 갖고 가까운 미래에는 주택에도 원격 자동제어가 필요할 것이라는 생각에 냉난방 원격 자동제어 시스템을 도입하기로 했다. IoT시대의 스마트 홈 기술 중에서 전등이나 가전제품을 원격으로 제어

하는 제품은 이미 많이 활용되고 있고, 더불어 BEMS(Building Energy Management System)를 이용한 자동화된 냉난방제어 시스템도 큰 규모의 빌딩에서는 많이 사용되고 있지만 소규모 주택에서 사용할 만한 원격 자동제어 시스템은 없었다.

결론적으로 소규모 주택에서 원격제어를 시도해본 결과, 득과 실이 모두 있었다. 소규모 건축용 DDC나 제어 시스템이 없어 빌딩용 시스템을 도입할 수밖에 없었고 제어 알고리즘도 빌딩과 주택의 경우가 달라 많은 시행착오를 겪고 있고, 기술은 발전중이라고 말할 수밖에 없다. 크고 작은 시행착오들 중에는 앞에서 말한 팬 코일 유닛제어용 채널을 4개만 여는 탓에 6개 중 2개의 팬 코일 유닛이 신호를 처리하지 못했다(원인을 찾는데 오랜 시간이 걸렸다).

원격제어로 접속하기 위해 틀린 비밀번호로 여러 차례 로그인을 시도한 탓에 시스템 보안에 걸려 접속이 차단되는 사건이 있었고, 이 차단을 풀기 위해 현장에 전문가가 와서 전체 제어 시스템을 리셋하는데는 무려 3주가 소요되었다. 자기 집에서 입주자가 시스템 리셋도 할 수 없다니 소프트웨어의 장벽은 정말로 무섭다.

7) 에피소드 7 : 고단열 유리창이 깨지다.

입주할 때는 겨울이었는데 미처 커튼이 설치되지 않아 강한 햇빛을 차단할 요량으로 유리창에 신문지를 붙였다. 그리고 며칠 후 복도의 3중 유리에 금이 갔다. AS 전문가는 신문지를 붙인 유리창이 과열되고 팽창되어 깨졌다고 판단을 내렸다. 유리의 단열이 얼마나 잘되기에 햇빛의 열이 누적되어 금이 갔을까? 하는 생각이 든다. 단열성능이 좋은 창호를 공급해주고 무상으로 수리까지 해준 (주)나비시스템에 감사드린다.

8) 에피소드 8 : 가스보일러는 겨울에 사용하지 않는다.

겨울에 가스보일러를 거의 사용하지 않게 되었다. 지열 히트펌프에 이상이 발생하였을 때 가스보일러로 바닥 난방과 온수를 공급할 수 있지만 그런 일은 거의 발생하지 않았다. 여름철에만 온수 공급을 가스보일러로 한다. 여름철에는 지열 히트펌프가 냉수를 공급하므로 샤워할 때 사용하는 온수는 가스보일러로 공급한다.

7. 우리집 사용설명서

1) 출입

① 출입문

· 동측 출입문 : 도로와 주차장에서 가까운 출입문이다. 현관과 연결되어 있고 번호키와 지문인식으로 열 수 있다. 주로 지문인식을 사용한다. 방충망이 설치되어 있다. 대가족이 모이는 경우 주로 이 출입문을 사용한다.

· 서측 출입문 : 텃밭과 가까운 출입문이다. 다용도실과 연결되어 있고 번호키를 사용

한다. 방충망이 설치되어 있다. 보통 때 부모님만 계시는 동안은 주로 이 출입문만 사용한다.

② 부재시에 문 잠그기

· 출입문 : 동측과 서측 출입문
· 출입 가능한 문 : 거실 창문, 가족실 창문
· 침입 가능한 문 : 주방 창문, 다용도실 창문, 건넌방 창문, 2층방 창문, 2층 베란다 창문, 2층 복도 창문, 2층 다락 창문

2) 비디오 폰

· 가족실과 2층 방에서 접속 가능

3) CCTV 보안

· 거실에서 실시간 모니터링 및 과거 녹화 검색 가능
· 7채널 고정 카메라 녹화기 1대
· 2채널 고정 카메라 + 1채널 이동식 카메라 녹화기 1대
· 원격접속은 htt://octfns.telecop.co.kr/60877086와 htt://octfns.telecop.co.kr/q1w2e3에서 실시간 보기 가능하고 녹화된 화면 검색도 가능하며, 이전에 녹화된 약 15일 분량 정도는 검색 가능

4) 통신

· 전화, 셋탑 박스, 인터넷 사용 가능
· 인터넷 모뎀 – 가족실 TV 옆에 설치 및 확인
· AP 2개 – 가족실 TV 뒤편과 거실 TV 뒤편에 설치
· 원격제어 전용 AP – 신발장 뒷면에 별도로 설치
· 중계기 – 1층 복도 중간에 AP중계기 설치로 2층 WiFi신호 중계함
· 통신주 – 주택의 옆 공장부지 서편으로부터 3개의 통신주를 통해 대지 북측에서 지중으로 인입. 위성접시안테나도 대지 북측에서 지중으로 인입

5) 멀티 미디어

· TV 시청 : 가족실에 셋탑 박스 설치(현재 KT 셋탑 박스 설치)
· 거실에 인터넷 셋탑 박스 설치(실시간으로 세계의 주요 방송 및 기타 영상물 시청 가능)

6) 난방(10월~이듬해 5월)

· 지열에 의한 50도 정도의 온수 공급, 지열 히트펌프가 고장났을 때는 가스보일러에 의한 온수 공급
· 바닥 온수 코일에 의한 난방
· 아래는 자동제어용 바닥 난방 조절기

그림 97
바닥 난방 조절기 1

그림 98
바닥 난방 조절기 2

FCU에 의한 공기 난방도 가능하다. 주방과 화장실에 온수가 공급되며 주방 온수에는 환탕관이 설치되어 있어 온수를 열면 즉시 더운 물이 나온다. 겨울철에는 지열보일러에 의한 난방용 급탕이 온수를 공급하고 지열보일러가 냉수를 공급하는 여름철에는 가스보일러가 주방과 화장실에 온수를 공급한다.

난방모드 전환은 자동제어 〉 처음화면 〉 지열제어 화면에서 난방켜짐/냉방켜짐 버튼을 누르면 냉방모드와 난방모드가 전환된다. 이때 가스보일러는 자동전환되지 않으므로 지열에서 냉수만 공급하는 여름에는 온수 공급을 위해 가스보일러를 켜고 온수모드로 해 두어야 하고, 겨울에는 지열에서 온수가 공급되므로 가스보일러를 꺼둔다.

그림 99
FCU 조절기

7) 냉방(6월~9월)

· 지열에 의한 12도 정도의 냉수 공급
· 가스보일러에 의한 온수 공급
· 옆에는 자동제어용 FCU 조절기

그림 100
환기 조절기

8) 환기

열회수식 환기 장치 – 실내의 열(난방 또는 냉방)을 회수하면서 신선한 외부 공기를 교환하면서 실내 공기와 교환한다. 냉난방을 많이 하는 시기에 주로 사용한다.

9) 자동제어

바닥 난방 조절기나 FCU 조절기로 설정한 실내온도에 맞추어 냉난방을 자동 운영한다. 바닥 난방용 조절기, FCU 냉방 조절기는 별도로 설치되어 있다. 그 외 가스보일러 리모컨, 지열 히트펌프 리모컨은 별도로 설치되어 있다.

10) 원격제어

· 원격으로 공기조화 기능 제어 가능
 http://bmsweb.iptime.org로 접속한다.
· 별도의 원격제어 부분 설명 참조
· 원격제어 장애시
 – AAC-500 제어반을 리셋(전원 껐다 켬)한다.
 – 통신용 공유기(신발장 속에 설치)를 리셋(전원 껐다 켬)한다.
 – 여름철 온수 공급은 가스보일러를 온수모드로 수동 전환해야 한다.

11) 전기

· 전기계량기(지열 히트펌프용 380V와 일반 전기용 220V)를 사용하며 계량기는 별도로 동편 벽의 외부에 설치되어 있다.

· 전기차단기는 동측 출입문 내부 벽에 설치되어 있다.

12) 수도

· 일반 수도계량기는 동측 출입문 앞의 청색 수도계량기 박스 속에 있다.

· 지하수 펌프는 남측 집의 경계에 있다.

13) 정화조

· 북측 마당 가운데 있다.

나가는 글

건축주로서 집짓기에 대한 체험을 책으로 정리하며

건축계획을 전공한 건축학과 교수로 30여 년 지내온 나조차도 건축주로서 집짓기를 경험하며 모르는 것이 많다는 것을 실감하였다. 이론보다 실무가 훨씬 어렵고 복잡하다는 것을 깨닫는 계기가 되었다. 그래서 예비건축주에게 집짓기의 기획과 설계, 시공 과정의 어려움을 공유하고 싶은 마음이 들었다. 건축가인 배기철 소장과 공동건축주인 남편 고일두 교수와 같이 책을 쓰기 시작한 지 거의 2년이 되고 있다. 주택 한 채에 3명 저자가 각자 본인의 일을 하면서 시간을 쪼개어 글을 쓰고 의견을 조율하다보니 시간이 많이 걸렸다.

이 책을 쓰면서 시댁인 산척면 집에 대한 관심이 많아졌으며 집짓기 전에 비해 방문 횟수도 늘어났다. 책 내용에 필요한 사진을 시댁에 갈 때마다 찍었고 미흡한 부분이 생기면 다시 또 찍는 과정을 반복하였다. 제일 재미 있었던 일은 부엌에서 4명이 동시에 작업할 수 있다는 것을 사진찍기 위해 시어머니와 시동생 부부 등 4명이 부엌 작업대에 분산되어 서 있고 남편 고 교수가 사진 찍은 것이다.

그동안 산척면 집에도 많은 변화가 생겨났다. 2층 목재 외장 패널이 햇빛을 받아 회색으로 탈색되어 세월의 흐름을 알려준다. 봄에는 제비가 날아와 집을 지었고 생울타리로 심은 대왕철쭉이 주황색 꽃을 화사하게 피웠다. 여름에는 배롱나무에서 분홍색 꽃이 피었다.

이 책을 쓰면서 바쁜 일정 가운데 원고 작성을 해 준 배기철 소장과 고일두 교수에게 감사의 마음을 전한다. 그리고 새 집에서 시부모님이 건강하게 오래 사시기를 기원한다. 또한 나를 있게 해준 친정 부모님께 감사드리며, 직장맘으로 부재한 시간이 많았음에도 잘 자라준 아들과 딸에게도 감사의 마음을 전한다.

또한 작성된 원고를 책으로 만드는 과정이 또 하나의 지난한 작업인데 더 좋은 책을 만들기 위해 편집에 대해 제안하고 묵묵히 진행해준 기문당 직원들에게 감사한 마음이다.

글쓰기가 어려운 공돌이가 우리집에 대한 글을 쓰며

말로 표현하는 것과 글로 표현하는 것이 이렇게 다르다는 것을 또 한 번 느끼는, 우리집 이야기 쓰기가 마무리되어 간다. 어떻게 생각하면 말하기는 한 번 내뱉으면 수정이 어려우니 더 힘들 것이라 생각되지만 글은 써 놓고 또 읽어 보면 맘에 안 든다. 고쳐도 고쳐도 맘에 안 든다. 친절하게 설명을 한다고 써 놓아도 다른 사람은 읽어 보고 이해가 안 된다고 한다.

어떻게 하면 좋은 책들이 보여주는 매끄러운 글흐름과 남에게 체계적으로 전달하는 글이 될 수 있을까? 그래서 글 잘쓰는 직업이 따로 있는 것이라고, 그리고 그 일은 나의 일이 아니라고 위로해 본다. 혹시 이번 글도 불편하지 않을 정도라고 생각하고 읽어주는 분들께 감사를 올린다.

"배기철" 결국 하나의 작업, 디자인과 글쓰기

2년이란 시간이 흘렀다. 처음 생각했던 것보다 길어졌지만, 글을 쓰면서 흩어져 있던 생각들이 정리되었고, 다시 깨달음의 시간이 되었다. 결국 디자인과 글쓰기가 하나의 작업이었다. 다른 점이 있다면 그림과 글로 나타날 뿐, 생각을 정리하고 드러내는 작업은 같은 것이다.

글을 준비하면서 오래 전 친구와 함께 번역서 작업을 했던 기억이 되살아났는데, 당시 '정주 to habit' 의 개념을 새롭게 정리할 수 있었다. 영어로 "to habit"이란 학생시절 암기했던 '습관' 또는 '버릇' 이란 뜻만 있는 것이 아니다. 'habitation' 이 '주거' 를 뜻한다는 것을 안다면, 'to habit' 에는 '거주하다' 란 의미가 있으며, 나아가 '옷을 입다' 라는 의미까지 담고 있다. 관계없어 보이는 3가지 뜻에는 공통점이 있는데, 바로 사람의 습관적 행위와 의복, 그리고 집은 모두 외향적인 모습, 즉 자신의 삶을 드러내는 의미를 담고 있다.

'정주' 한다는 것은 특별한 대지와 자신의 삶이 관계를 맺는 것으로 물리적 · 심리적 환경을 모두 포함하여 자신에게 특별한 장소가 됨을 의미한다. 산척면 주택은 멋진 건축가의 집도 아니며, 집장사의 집도 아니다. 대지에 순응하며 거주자의 정주공간이 되길 바라는 마음이다. 산척면 주택은 시간이 지나면서 색이 바래겠지만, 거주자의 손때와 기억이 쌓이면서 성숙한 모습이 되길 기대한다.

아파트의 가격과 면적에 익숙한 우리들은 좋은 집의 조건을 간과하곤 한다. 조금만 동선이 길어도 불편하다고 생각한다. 조금만 내구성이 떨어져도 사용해서는 안 된다고 생각한다. 몇 백년 갈 것처럼 내구성을 자랑하는 콘크리트 아파트도 30년이 지나면 새 아파트로 재개발 못해서 아우성친다. 그 결과가 바로 플라스틱과 같은 합성재료와 대지를 무시한 아파트가 넘쳐나게 되었다. 우리 모두는 다르다. 생김새도 다르고, 습관도 다르며, 어울리는 옷도 다르다. 사는 방식과 생각하는 방식은 말할 필요조차 없다. 주택은 다른 사람과 다름을 드러내는 공간이며, 이 공간을 통해 다른 자신의 삶을 완성하며 정주공간이 된다.

글을 쓰는 내내 글재주 없음이 너무 부끄럽고 창피스럽다. 글 자체보다는 진심이 더 중요하다고 생각하지만 그래도 스스로 위안이 되지 않는다. 그럼에도 누군가는 끝까지 읽어줄 것이라 생각했고, 그래서 여기까지 읽어준 분들께 거듭 감사의 말을 전하며 마무리할까 한다.

미 주

1) 스위스 태생의 르 코르뷔지에(1887~1965)는 근대건축을 이끈 대표적 건축가로 '집은 살기 위한 기계(A house is a machine for living in)' 을 주장하며, 오늘날의 아파트 건축의 효시를 제안했다.
2) 일본을 대표하는 건축가로서 노출콘크리트건축을 통해 자신의 건축관을 확립했다.
3) 패시브주택이란 독일에서 출발한 에너지 절약형 주택 개념으로, 집 안의 단열성능을 높인 주택을 가리키는 용어로 사용하고 있다.
4) Adrian Forty, 건축을 말하다(Word and Buildings), 이종인 번역, 미메시스, 2009 p39. 카를로 스카르파(1906~1978)는 근대건축운동기간에 지역과 역사성을 지닌 이탈리아 출신의 건축가로 디테일이 풍부한 디자인 작업으로 유명하다.
5) 아파트와 바꾼 집, 박인석, 박철수, 동녘, 2011
6) 공장에서 벽체를 선제작한 후 현장에서 조립하여 벽체를 세우는 건설방식으로 대량생산 및 공업화주택에 적합한 건설방식이다. 최근에는 공사현장의 폐기물 발생을 줄일 수 있는 방법으로 주목받고 있다.
7) 일본에서 만들어진 개념으로 '지역에서 생산하고 지역에서 소비한다' 는 뜻으로, 일종의 '슬로 푸드(slow food)' 이다. 친환경농산물을 지역에서 생산과 소비를 하면 경제순환은 물론 물류이동에 따른 이산화탄소 배출을 줄이고, 지역성을 강화시키는 사회운동이다.
8) 정기용, 현실문화, 3판, 2011
9) Amos Rapoport, 주거형태와 문화, 이규목 역, 열화당, 1985, pp 72~74
10) Clay Risen, THE WORLD'S MOST ADVANCED BUILDING MATERIAL IS... WOOD: And It's going to remake the skyline, Popular Science, 2014.
11) http://hausstyle.co.kr/home/wp-content/uploads/2015/08/%ED%8F%AC%ED%8A%B8%ED%8F%B4%EB%A6%AC%EC%98%A4.pdf
12) 알랑드 보통, 행복의 건축, 정목 번역, 이레
13) 부연이란 사전적으로 정리하면 늘여서 붙인다는 뜻으로 '겹처마에서 서까래 끝에 거는 짧고 방형 단면인 서까래의 한 종류' (네이버 지식백과)이다

14) 미스 반 데어 로에(1886~1969)는 철과 유리 등 현대적 재료를 통해 단순한 근대건축을 전파한 대표적인 근대건축가이다. '적을수록 더 많다(Less is More)' 라는 유명한 명언을 낳았으며, 대표작으로 바르셀로나 파빌리온, IIT의 크라운 홀 등이 있다.

15) 무장애 공간 디자인(Barrier Free Design)이란 '1974년 국제연합 장애인 생활환경전문가회의' 에서 '장벽 없는 건축설계(barrier free design)' 에 관한 보고서가 나오면서 건축학 분야에서 사용되기 시작하였다. 이후 일본 · 스웨덴 · 미국 등 선진국을 중심으로 휠체어를 탄 고령자나 장애인들도 비장애인과 다름 없이 편하게 살 수 있게 하자는 뜻에서 주택이나 공공시설을 지을 때 문턱을 없애자는 운동을 전개하면서 세계 곳곳으로 확산되었다(두산백과산전).

16) 유니버설 디자인은 '무장애공간디자인' 을 넘어 모든 사람이 손쉽고 안전하게 사용할 수 있도록 설계하는 것을 말하는데, 공평하고 유연하며, 직관적인 사용을 목표로 하고 있다.

17) 가상현실(假想現實, virtual reality, VR)은 컴퓨터 등을 사용한 인공 기술로 만들어낸 실제와 유사하지만 실제가 아닌 어떤 특정한 환경이나 상황 혹은 그 기술 자체를 의미한다. 이때 만들어진 가상의(상상의) 환경이나 상황 등은 사용자의 오감을 자극하며 실제와 유사한 공간적 · 시간적 체험을 하게 함으로써 현실과 상상의 경계를 자유롭게 드나들게 한다. 또한 사용자는 가상현실에 단순히 몰입할 뿐만 아니라 실재하는 디바이스를 이용해 조작이나 명령을 가하는 등 가상현실 속에 구현된 것들과 상호작용이 가능하다. 가상현실은 사용자와 상호작용이 가능하고 사용자의 경험을 창출한다는 점에서 일방적으로 구현된 시뮬레이션과는 구분된다. 쉽게 떠올릴 수 있는 가상현실 시스템의 예로는 비행훈련 시뮬레이션과 3D로 표현되었으며, 사용자의 의지가 반영될 수 있는 세컨드 라이프와 같은 게임이 있다. AR / VR 시장은 이미 수십억 달러 규모의 시장으로 자리잡고 있으며, 수년 내에 1,200억 달러 시장을 훨씬 넘어서 계속 성장할 것으로 예상된다. https://ko.wikipedia.org/wiki 참조.

18) Sketchup-건축물을 3차원으로 모델링하고 건축물 내외부 여러 방향에서 둘러보거나 평면을 단면으로 바꾸어 볼 수 있는 설계도구. https://www.sketchup.com/ko 참조.

19) 겨울에는 관 속의 물이 차가워서 개수대의 수전을 열면 찬물이 나온다. 이때 수전 가까이에 따뜻한 물을 계속 회전시켜 수전을 여는 즉시 언제나 따뜻한 물이 나오도록 하는 배관방식을 말한다.

20) 두산백과사전
https://terms.naver.com/entry.nhn?docld=114166&cid=40942&categoryId=32339

21) 편백나무 욕조로 이루어진 온천

22) 「auric 용어사전」 처마/eaves
www.auric.or.kr/User/Dict/DocDict.aspx?BrsDataBaseName=DICT&PrimaryKey=8565.

23) 지붕에서 빗물이 타고 내려오도록 만든 체인

여러 생각 하나의 집

1판 1쇄 인쇄 2020년 3월 1일
1판 1쇄 발행 2020년 3월 5일

지은이 최경숙 고일두 배기철
발행인 강해작
펴낸곳 기문당
주소 서울시 성동구 무학봉28길 4-1
전화 02) 2295-6171~5
팩스 02) 2296-8188
등록번호 제1-44호
등록일자 1976. 10. 7(1-44)
homepage www.kimoondang.com
E-mail kmd@kimoondang.com
ISBN 978-89-6225-835-6 03540

검인생략

이 도서의 국립중앙도서관 출판시도서목록(CIP)은 서지정보유통지원시스템 홈페이지(http://seoji.nl.go.kr)와 국가자료공동목록시스템(http://www.nl.go.kr/kolisnet)에서 이용하실 수 있습니다(CIP제어번호: CIP2020007678).